实用电子产品制作实例

主编　徐永忠　赵艳玲　张　群

西南交通大学出版社
·成　都·

内容提要

本书是针对电子设备装接鉴定和电子产品装接与调试而编写的实训教材。主要训练学生对各类电子产品的设计、组装、调试和排故能力，这些能力是电子、电工需要的核心能力，是电子设备装接工中高级及技师技能证的主要考核内容，在技能大赛和企业培训等社会服务方面也发挥着重要作用。

本书主要内容包括稳压电源、超外差式收音机、立体声功率放大器和电视机等十个常用项目组成。本书将电子产品装接与调试的工艺逐步深入到由简单到复杂的电子产品生产装配的主线中，让学生在各类产品装接与调试过程中学习并熟悉电子产品装接与调试工艺。可供电工、电子、物联网、工业自动化控制、机电一体化和数控等专业人员学习参考，也可作为相关工作人员的培训教材和操作指导。

图书在版编目（CIP）数据

实用电子产品制作实例 / 徐永忠，赵艳玲，张群主编. —成都：西南交通大学出版社，2015.3（2021.7 重印）
ISBN 978-7-5643-3800-8

Ⅰ. ①实… Ⅱ. ①徐…②赵…③张… Ⅲ. ①电子产品 – 制作 – 教材 Ⅳ. ①TN05

中国版本图书馆 CIP 数据核字（2015）第 046091 号

实用电子产品制作实例
主编　徐永忠　赵艳玲　张　群

责 任 编 辑	王　旻
特 邀 编 辑	穆　丰
封 面 设 计	墨创文化
出 版 发 行	西南交通大学出版社 （四川省成都市金牛区二环路北一段 111 号 西南交通大学创新大厦 21 楼）
发 行 部 电 话	028-87600564　028-87600533
邮 政 编 码	610031
网　　　址	http://www.xnjdcbs.com
印　　　刷	四川煤田地质制图印刷厂
成 品 尺 寸	185 mm × 260 mm
印　　　张	10.5
字　　　数	233 千字
版　　　次	2015 年 3 月第 1 版
印　　　次	2021 年 7 月第 3 次
书　　　号	ISBN 978-7-5643-3800-8
定　　　价	27.00 元

课件咨询电话：028-87600533

前　言

本书是针对我院电子设备装接鉴定和电子产品装接与调试而编写的实训教材。主要训练学生对各类电子产品的设计、组装、调试和排故能力，是电子、电工需要的核心能力，是电子设备装接工中高级及技师技能证的主要考核内容，在技能大赛和企业培训等社会服务方面也发挥着重要作用。

教材将电子产品装接与调试的工艺逐步深入到由简单到复杂的电子产品的生产装配的主线中，让学生在各类产品装接与调试过程中学习并熟悉电子产品装接与调试工艺。

本书主要内容包括稳压电源、超外差式收音机、立体声功率放大器和电视机十个常用项目组成。可供电工、电子、物联网、工业自动化控制、机电一体化和数控等专业人员学习参考，也可作为相关工作人员的培训教材和操作指导。

本教材由乐山职业技术学院电信系和乐山无线电厂合作编写，徐永忠、赵艳玲、张群为主编，王远祥、王建华、刘建伟、张仕海、陈宁宁、何晓明参与编写。徐永忠编写项目一、六，王远祥编写项目二，赵艳玲编写项目三、张群编写项目四，王建华编写项目五，刘建伟编写项目七，张仕海编写项目八，陈宁宁编写项目九，何晓明编写项目十。由徐永忠负责全书的修改和定稿工作。

本书项目实例由本院和乐山无线电厂合作完成，并得到了其他电子企业的大力帮助。本书由乐山无线电厂周永担任主审，在教学过程和教材编写中提出了许多宝贵意见，在此表示深切的谢意。

本书在编写过程中得到了学院相关部门及领导的大力支持，得到了学院实训管理人员的大力帮助，在此向他们表示衷心的感谢。另外，教材的编写参考了一些著作和资料，谨向书籍和文章的作者表示衷心的感谢，同时感谢西南交通大学出版社特别是编辑穆丰在本书由校本教材到公开出版的过程中的大力支持和帮助。

由于编者水平有限，书中难免存在错漏和不足之处，敬请广大读者批评和指正。

编　者

2015 年 1 月

目　录

项目一　初级电子产品装接与生产 ·· 1

　1.1　万用表的选择使用 ·· 1

　1.2　电烙铁的选择与使用 ·· 4

　1.3　RLC 元件的检测与预处理 ·· 14

　1.4　稳压电路的设计 ·· 30

　1.5　稳压电路的安装与调试 ·· 31

项目二　心形闪光灯指示电路的装接与调试 ·· 36

　2.1　半导体元器件的检测与预处理 ·· 36

　2.2　光电器件 ·· 43

　2.3　紧固件连接技术 ·· 44

　2.4　心形闪光灯指示电路的设计 ·· 48

　2.5　心形闪光灯指示电路的装接与调试 ·· 48

项目三　声光控开关的装接与调试 ·· 50

　3.1　敏感元器件与声光控开关的设计 ·· 50

　3.2　元器件的检测与预处理 ·· 51

　3.3　声光控开关的装接与调试 ·· 52

项目四　"叮咚"门铃的装接与生产 ·· 53

　4.1　音乐集成电路与"叮咚"门铃的设计 ·· 53

　4.2　元器件的检测与预处理 ·· 53

　4.3　"叮咚"门铃的装接与生产 ·· 54

项目五　功率放大器的装接与生产 ·· 56

　5.1　功率放大管（集成电路）与功率放大器的设计 ·· 56

　5.2　元器件的检测与预处理 ·· 56

　5.3　功率放大器的装接与生产 ·· 57

项目六　调光台灯的装接与生产 ·································· 59

  6.1　晶闸管与调光台灯的设计 ·································· 59

  6.2　元器件的检测与预处理 ···································· 59

  6.3　调光台灯的装接与生产 ···································· 61

项目七　无线电遥控器的装接与生产 ························ 62

  7.1　无线电信号与遥控器的设计 ······························ 62

  7.2　元器件的检测与预处理 ···································· 64

  7.3　无线电遥控器的装接与生产 ······························ 65

项目八　超外差式收音机的装接与生产 ···················· 68

  8.1　解调与超外差式收音机的设计 ···························· 68

  8.2　元器件的检测与预处理 ···································· 68

  8.3　收音机的调试生产 ·· 70

项目九　收录机的装接与生产 ······························ 74

  9.1　录音机机芯的使用与收录机的设计 ························ 74

  9.2　元器件的检测与预处理 ···································· 77

  9.3　收录机的装接与生产遇到的问题 ·························· 80

项目十　电视机的装接与生产 ······························ 82

  10.1　常用电子测量仪器的使用 ································ 82

  10.2　电视机的电路设计 ······································ 88

  10.3　元器件的检测与预处理 ·································· 92

  10.4　电视机的装接与生产 ···································· 96

学习资料一　电子产品技术文件 ···························· 102

  11.1　设计文件 ·· 102

  11.2　工艺文件 ·· 110

学习资料二　调试工艺 ···································· 120

  12.1　调试工作的内容 ·· 120

  12.2　调试仪器 ·· 122

  12.3　调试工艺技术 ·· 124

  12.4　整机质检 ·· 129

12.5 故障检修 ··· 133

12.6 调试的安全 ·· 140

学习资料三 中级操作技能模拟卷一 ·························· 148

学习资料四 中级操作技能模拟卷二 ·························· 155

参考文献 ··· 159

项目一　初级电子产品装接与生产

1.1　万用表的选择使用

万用表又称为复用表、多用表、三用表、繁用表等，是电力电子等部门不可缺少的测量仪表，一般以测量电压、电流和电阻为主要目的。万用表按显示方式分为指针万用表和数字万用表。万用表是一种多功能、多量程的测量仪表，一般万用表可测量直流电流、直流电压、交流电流、交流电压、电阻和音频电平等，特殊的还可以测交流电流、电容量、电感量及半导体的一些参数（如β）等。

1.1.1　指针表和数字表的选用

（1）指针表读取精度较差，但指针摆动的过程比较直观，其摆动的速度或幅度有时也能比较客观地反映被测量值的大小（比如测电视机数据总线（SDL）在传送数据时的轻微抖动）；数字表读数直观，但数字变化的过程看起来很杂乱，不太容易观看。

（2）指针表内一般有两块电池，一块是低电压的 1.5 V，一块是高电压的 9 V 或 15 V，其黑表笔相对红表笔来说是正端；数字表则常用一块 6 V 或 9 V 的电池。

（3）在电阻挡，指针表的表笔输出电流相对数字表来说要大很多，用"R×1 Ω"挡可以使扬声器发出响亮的"哒"声，用"R×10 kΩ"挡甚至可以点亮发光二极管（LED）。

（4）在电压挡，指针表内阻相对数字表来说较小，测量精度相对较差。在某些高电压微电流的场合指标表甚至无法测准，因为其内阻会对被测电路造成影响（比如在测电视机显像管的加速级电压时测量值会比实际值低很多）；数字表电压挡的内阻很大，至少在兆欧级，对被测电路影响很小。但极高的输出阻抗使其易受感应电压的影响，在一些电磁干扰比较强的场合测出的数据可能是虚的。

（5）总之，在大电流高电压的模拟电路测量中适用指针表，比如电视机、音响功放；在低电压小电流的数字电路测量中适用数字表，比如 BP 机、手机等。但这不是绝对的，应根据实际情况选用指针表和数字表。

1.1.2　测量技巧（如不作说明，则用的是指针表）

（1）测喇叭、耳机、动圈式话筒：用 R×1 Ω 挡，任一表笔接一端，另一表笔点触另一端，正常时会发出清脆响亮的"哒"声。如果不响，则是线圈断了，被测产品不可用；

如果响声小而尖，则是产品有擦圈问题，也不能用。

（2）测电容：用电阻挡，根据电容容量选择适当的量程，并注意在测量电解电容时，黑表笔要接电容正极。① 估测微法级电容容量的大小：可凭经验或参照相同容量的标准电容，根据指针摆动的最大幅度来判定容量。所参照的电容不必耐压值相同，只要容量相同即可。例如估测一个 100 μF/250 V 的电容可用一个 100 μF/25 V 的电容来参照，只要它们指针摆动最大幅度一样，即可断定容量一样。② 估测皮法级电容容量大小：选用"R×10 kΩ"挡，可估测 1 000 pF 以上的电容。对 1 000 pF 或更小一点的电容，只要表针稍有摆动，即可认为容量够了。③ 测电容是否漏电：对 1 000 μF 以上的电容，可先用"R×10 Ω"挡将其快速充电，并初步估测电容容量，然后改用"R×1 kΩ"挡继续测量一段时间，这时指针不应回返，而应停在或十分接近∞处，否则就有漏电现象。对一些几十微法以下的定时或振荡电容（比如彩电开关电源的振荡电容），其漏电特性要求非常高，只要稍有漏电就不能用，这时可在"R×1 kΩ"挡充完电后再改用"R×10 kΩ"挡继续测量，同样表针应停在或十分接近∞处而不应回返。

（3）在路测二极管、三极管、稳压管好坏：因为在实际电路中，三极管的偏置电阻或二极管、稳压管的周边电阻一般都比较大，大都在几百几千欧姆以上，这样，我们就可以用万用表的"R×10 Ω"或"R×1 Ω"挡来在路测量 PN 结的好坏。在路测量时，用"R×10 Ω"挡测 PN 结应有较明显的正反向特性（如果正反向电阻相差不太明显，可改用"R×1 Ω"挡来测）。一般正向电阻在"R×10 Ω"挡测时表针应指示在 200 Ω 左右，在"R×1 Ω"挡测时表针应指示在 30 Ω 左右（根据不同表型可能略有出入）。如果测量结果正向阻值太大或反向阻值太小，都说明这个 PN 结有问题，进而这个管子也就有问题了。这种方法对于维修时特别有效，可以非常快速地找出坏管，甚至可以测出尚未完全坏掉但特性变坏的管子。比如当你用小阻值挡测量某个 PN 结正向电阻过大，如果你把它焊下来用常用的"R×1 kΩ"挡再测，可能还是正常的，其实这个管子的特性已经变坏了，不能正常工作或不稳定了。

（4）测电阻：重要的是要选好量程，当指针指示于 1/3～2/3 满量程时测量精度最高，读数最准确。要注意的是，在用 R×10 kΩ 电阻挡测兆欧级的大阻值电阻时，不可将手指捏在电阻两端，这样人体电阻会使测量结果偏小。对于常见的进口型号的大功率塑封管，其 c 极基本都是在中间。中、小功率管有的 b 极可能在中间。比如常用的 9014 三极管及其系列的其他型号三极管、2SC1815、2N5401、2N5551 等三极管，有些 b 极就在中间。当然上述型号也有 c 极在中间的，所以在维修更换三极管时，尤其是这些小功率三极管，不可拿来就按原样直接安上，一定要先测一下。

1.1.3　仅用万用表作为检测工具的集成电路的检测方法

虽说集成电路代换有方，但拆卸毕竟较麻烦。因此，在拆之前应确切判断集成电路是否确实已损坏及损坏的程度，避免盲目拆卸。本文介绍了仅用万用表作为检测工具的不在路和在路检测集成电路的方法和注意事项。文中所述在路检测的四种方法（直流电阻、电压、交流电压和总电流的测量）是维修中实用且常用的检测法。

1. 不在路检测

这种方法是在 IC 未焊入电路时进行的，一般情况下可用万用表测量各引脚对应于接地引脚之间的正、反向电阻值，并和完好的 IC 进行比较。

2. 在路检测

这是一种通过万用表检测 IC 各引脚在路（IC 在电路中）直流电阻、对地交直流电压以及总工作电流的检测方法。这种方法克服了代换试验法需要有可代换 IC 的局限性和拆卸 IC 的麻烦，是检测 IC 最常用和实用的方法。

（1）在路直流电阻检测法

这是一种用万用表欧姆挡，直接在线路板上测量 IC 各引脚和外围元件的正反向直流电阻值，并与正常数据相比较，来发现和确定故障的方法。测量时要注意以下三点：

测量前要先断开电源，以免测试时损坏电表和元件；

万用表电阻挡的内部电压不得大于 6 V，量程最好用"R×100 Ω"或"R×1 kΩ"挡；

测量 IC 引脚参数时，要注意测量条件，如被测机型、与 IC 相关的电位器的滑动臂位置等，还要考虑外围电路元件的好坏。

（2）直流工作电压测量法

这是一种在通电情况下，用万用表直流电压挡对直流供电电压、外围元件的工作电压进行测量的测量法：检测 IC 各引脚对地直流电压值，并与正常值相比较，进而压缩故障范围，找出损坏的元件。测量时要注意以下八点：

万用表要有足够大的内阻，至少要大于被测电路电阻的 10 倍以上，以免造成较大的测量误差。

通常把各电位器旋到中间位置，如果是电视机，信号源要采用标准彩条信号发生器。

表笔或探头要采取防滑措施。因任何瞬间短路都容易损坏 IC。可采取如下方法防止表笔滑动：取一段自行车用的气门芯套在表笔尖上，并超出表笔尖约 0.5 mm 左右，这既能使表笔尖良好地与被测试点接触，又能有效防止打滑，即使碰上邻近点也不会短路。

当测得某一引脚电压与正常值不符时，应根据该引脚电压对 IC 正常工作有无重要影响以及其他引脚电压的相应变化进行分析，才能判断 IC 的好坏。

IC 引脚电压会受外围元器件影响。当外围元器件发生漏电、短路、开路变值时，或外围电路连接的是一个阻值可变的电位器，则电位器滑动臂所处的位置不同，都会使引脚电压发生变化。

若 IC 各引脚电压正常，则一般认为 IC 正常；若 IC 部分引脚电压异常，则应从偏离正常值最大处入手，检查外围元件有无故障，若无故障，则 IC 很可能损坏。

对于动态接收装置，如电视机，在有无信号时，IC 各引脚电压是不同的。如发现引脚电压不该变化的变化大，而应随着信号大小和可调元件不同位置而变化的反而不变化，就可确定 IC 损坏。

对于具备多种工作方式的装置，如录像机，在不同工作方式下，IC 各引脚电压也是不同的。

（3）交流工作电压测量法

为了掌握 IC 交流信号的变化情况，可以用带有 dB 插孔的万用表对 IC 的交流工作电压进行近似测量。检测时万用表置于交流电压挡，正表笔插入 dB 插孔；对于无 dB 插孔的万用表，需要在正表笔串接一只 0.1 ~ 0.5 μF 隔直电容。该法适用于工作频率比较低的 IC，如电视机的视频放大级、场扫描电路等。由于这些电路的固有频率不同，波形不同，所以所测的数据是近似值，只能供参考。

（4）总电流测量法

该法是通过检测 IC 电源进线的总电流，来判断 IC 好坏的一种方法。由于 IC 内部绝大多数为直接耦合，IC 损坏时（如某一个 PN 结击穿或开路）会引起后级饱和或截止，使总电流发生变化。所以通过测量总电流的方法可以判断 IC 的好坏。也可用测量电源通路中电阻的电压降，用欧姆定律计算出总电流值。

以上检测方法，各有利弊，在实际应用中最好将各种方法结合起来，灵活运用。

1.1.4　万用表的使用的注意事项

（1）在使用万用表之前，应先进行"机械调零"，即在没有被测电量时，使万用表指针指在零电压或零电流的位置上。

（2）在使用万用表过程中，不能用手去接触表笔的金属部分，这样一方面可以保证测量的准确，另一方面也可以保证人身安全。

（3）在测量某一电量时，不能在测量的同时换挡，尤其是在测量高电压或大电流时更应注意，否则会使万用表毁坏。如需换挡，应先断开表笔，换挡后再去测量。

（4）万用表在使用时，必须水平放置，以免造成误差。同时，还要注意到避免外界磁场对万用表的影响。

（5）万用表使用完毕，应将转换开关置于交流电压的最大挡。如果长期不使用，还应将万用表内部的电池取出来，以免电池腐蚀表内其他器件。

1.2　电烙铁的选择与使用

1.2.1　焊接工具

电烙铁是手工焊接的基本工具。电烙铁有使用灵活、容易掌握、操作方便、适应性强、焊点质量易于控制，所需设备投资费用少等优点。烙铁焊技术不仅应用广泛，而且也在不断发展，电烙铁的种类也在不断地增多。

1. 电烙铁的构造

电烙铁是利用电流通过电热丝加热烙铁头的原理制成的，电烙铁的发热量与耗电瓦数成比例。电烙铁的种类虽然很多，但基本结构是一样的，都是由发热部分、储热部分和操作手柄等组成。

（1）烙铁心：烙铁心是电烙铁中的发热元件，它是将镍铬以热电阻丝的形式缠在云母、陶瓷等耐热、绝缘材料上构成的；

（2）烙铁头：作为能量存储和传递的烙铁头，一般用紫铜制成；

（3）手柄：一般用木料或胶木制成。

2. 电烙铁的种类

随着焊接的需要和发展，电烙铁的种类不断增多，除常用的内热式电烙铁及外热式烙铁外，还有温控烙铁、微型烙铁、超声波烙铁等多种类型。

（1）内热式电烙铁

内热式烙铁的结构如图 1-1 所示。烙铁心置于烙铁头里面，直接对烙铁头加热，所以称为内热式。其特点是热效率高、温升快、体积小、重量轻、耗电低，但烙铁头是固定的，温度不能控制，使用不同的烙铁头温度将受到限制，常用的规格有 20 W、30 W、50 W 等，主要用于印制板的焊接。

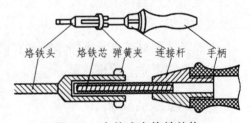

图 1-1 内热式电烙铁结构

（2）外热式电烙铁

外热式电烙铁是应用广泛的普通型电烙铁，其外形如图 1-2 所示。烙铁头置于电热丝内部，故称外热式电烙铁。其特点是构造简单、价格便宜，但热效率低、温升慢、体积较大，而且烙铁的温度不能有效地控制，只能靠烙铁头的大小稍作调节。外热式电烙铁主要用于导线、接地线和接线板的焊接。

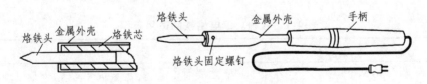

图 1-2 外热式电烙铁结构

（3）恒温电烙铁

这是一种烙铁头温度可以控制的电烙铁，根据控制方式不同，又可分为电控烙铁和磁控烙铁两种。

图 1-3 所示为磁控烙铁的结构图，它是利用软磁体的居里效应来控制温度，即温度升高超过居里点时其磁性减小。当电烙铁接通电源后，磁性开关接通，于是加热器被接通电源，开始加热。当烙铁头达到预定温度时，软磁铁失去磁性，在弹簧的作用下，使开关触点断开，加热器断电，于是烙铁头的温度下降。当降低到低于居里点温度时，软磁金属又恢复磁性，开关触点又重新被吸回来，加热器又开始加热。如此往复，以使烙铁头的温度保持在一定范围内，选择不同的软磁物质可以得到不同的温度。

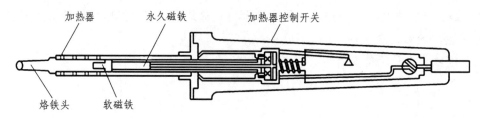

图 1-3   磁控烙铁的结构

恒温烙铁是断续加热，可以比普通电烙铁节电二分之一左右，由于烙铁头始终保持在适于焊接的温度范围内，焊接不易氧化，可减少虚焊，提高焊接质量。由于温度变化范围很小，电烙铁不会产生过热现象，从而延长了使用寿命，同时也能防止被焊接的元器件因温度过高而损坏。

电控烙铁是通过电子电路来控制和调节温度。这种方法控制温度精确度高，温度调节方便，但结构复杂，价格较高。

3. 电烙铁的选用

选用电烙铁的主要依据是电子产品的电路结构形式，被焊接元器件的热敏感性，使用焊料的特性以及操作者使用是否方便等。

（1）电烙铁功率的选择

电烙铁上标出的功率，实际上是单位时间内消耗的电源能量，而并非电烙铁的实际功率。加热方式不同，相同瓦数的电烙铁的实际功率有较大的差别。因此，选择电烙铁的实际功率，要从多方面考虑，一般是根据焊接工件的大小、材料的热容量、形状、焊接方法以及是否连续工作等因素来考虑，表 1-1 列出了不同功率的电烙铁的适用范围。

表 1-1   各种功率电烙铁的适用范围。

烙 铁 功 率	适 用 范 围
20 W 内热、30 W 外热	小型元器件、导线、集成电路、一般印制电路板
35～50 W 内热、50～75 W 外热	焊片、电位器、大型元器件、管座
100 W 以上	电源接线柱、机架地线等

（2）烙铁头的选用

为了适应不同焊接物面的需要，通常把烙铁头制成各种不同的形状，同时也要有一定的体积，以保持一定的温度。一般说来，瓦数大的烙铁，烙铁头的体积也大。烙铁头的形状、体积及长度，都对烙铁的温度性能有一定的影响。常用的几种烙铁头外形，如图 1-4 所示。

烙铁头大都是用铜或铜合金材料制作的，尤其是选用紫铜制作更为合适。因为铜材料热传导率高，密度较大，在烙铁头长度方向上温度下降最小，和锡铅有良好的润湿能力，并且容易加工。但也存在一些缺陷：铜会熔解在焊料中，使烙铁头易受腐蚀，在其工作面上形成坑，影响焊接操作和焊点形成；另外，铜烙铁头在高温下，表面容易氧化、发黑、脱皮、影响作业面的清洁。因此要经常对头部进行修整，重新上锡后才能继续使用，但会影响烙铁头的使用寿命。

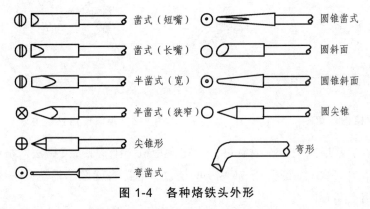

图 1-4 各种烙铁头外形

为了保证焊接质量，延长烙铁头的使用寿命，可对烙铁头进行一些工艺处理，最简单的方法是将烙铁头加以锻打，增加密度，并经常保持头部清洁，及时上锡等。要进一步延长其寿命，可对烙铁头进行直流镀铁（或铁镍合金）工艺加以防护，使用寿命可提高 10 ~ 20 倍，而镀层厚度是决定寿命的主要参数，一般为 100 ~ 150 μm。镀层对烙铁头的热性能没有明显的影响，但在使用时要注意不要受到机械损伤的破坏，擦拭烙铁头要用浸水海绵或湿布，不要用砂纸或锉刀，焊接时要使用松香或轻度活性焊剂，焊接结束后，不要将头部残留焊接料去除。

选用时，烙铁头的形状要适应被焊物面的要求和产品的装配密度，烙铁头的温度恢复时间要与被焊物面的热要求相适应。如角度大的凿式烙铁头，由于热量比较集中，温度下降慢，适合焊接对温度比较敏感的元器件；锥形烙的头适合焊接精密电子器件的小型焊接点；内热式电烙铁常用圆斜面烙铁头，适合焊接印制线路板及一般焊接点；在焊接装配密度较大的产品时，为了避免烫伤周围的元器件及导线，便于接近深处的焊接点，可用长烙铁头。

1.2.2 手工焊接方法

手工焊接是利用电烙铁实现金属之间牢固连接的一项工艺技术。这项工艺看起来很简单，但要保证高质量的焊接却是相当不容易，因为手工焊接的质量受诸多因素的影响，必须大量实践，不断积累经验，才能真正掌握这门工艺技术。

1.焊接方法

（1）操作方法

焊接操作方法，一般是右手持电烙铁，左手拿焊锡丝进行焊接，图 1-5 所示为焊接的示意图。而对于左撇子，左手持电烙铁可能会方便些。

（2）电烙铁的握法

在焊接时，电烙铁的握持方法，并无统一规定，应以不易疲劳，便于用力和操作方便为原则，一般有正握、反握和笔握三种，如图 1-6 所示。

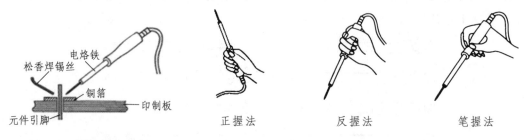

图 1-5　焊接的示意图　　　　　图 1-6　手握电烙铁的方法

正握法适用于弯烙铁头操作或直烙铁头在大型机架上焊接；反握法对被焊件压力较大，适用于较大功率电烙铁（一般大于 75 W）的场合；笔握法就像拿笔写字一样，适用于小功率烙铁焊接印制电路板。

（3）焊接的基本步骤

手工焊接通常采用五步操作法：准备、加热、送焊料、撤焊料、撤电烙铁。五步操作法图如图 1-7 所示。

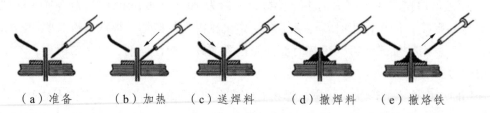

（a）准备　　（b）加热　　（c）送焊料　　（d）撤焊料　　（e）撤烙铁

图 1-7　五步操作法

①　准备：烙铁头和焊锡丝同时指向连接点。准备应包括焊接前必须做好焊接的准备工作，焊接部位的清洁处理，预备焊接元器件引线的成形及插装，焊接工具及焊接材料的准备。

②　加热：就是用烙铁头加热焊接部位，使连接点的温度加热到焊接需要的温度。在加热中，热量供给的速度和最佳焊接温度的确定是保证焊接质量的关键。通常焊接温度控制在 260 ℃ 左右。但考虑电烙铁在使用过程中的散热，可把温度适当提高一些，控制在 300 ℃ 左右。

③　送焊料：当烙铁加热到一定的温度后，即可在烙铁头和连接点的结合部或烙铁头对称的一侧，加上适量的焊料，焊料量的多少，应使引脚的外形保持可见和保证能够覆盖连接点。

④ 撒焊料：熔化适量焊锡后，撒离焊锡丝。

⑤ 撒烙铁：在焊料充分漫流整个焊接部位时，移开烙铁。

在实际焊接过程中，对热容量小的焊件，常常简化为三步操作，即第一步为准备工序，烙铁头和焊锡丝同时指向连接点，烙铁头上应熔化少量焊锡；第二步为加热焊接部位和熔化焊锡，操作时，焊锡和烙铁头同时到达，焊接时间应适当；第三步为烙铁头和焊锡丝同时离开焊接点。

2. 焊接要领

（1）对焊件要先进行表面处理

助焊剂可以破坏金属表面的氧化层，但它对锈迹、油污等并不能起作用，而这些附着物会严重影响后期焊接的质量。因此，必须对焊件表面进行清洁。

① 较轻的污垢可以用酒精或丙酮擦洗；

② 严重的腐蚀性污点可用小刀刮，或用砂纸打磨等方法去除；

③ 镀金引脚可以使用绘图橡皮擦除引线表面的污物；

④ 镀铅锡合金的引线可以在较长的时间内保持良好的可焊性，可不用清洁。

（2）元件引线上锡

元件引线经清洁处理后，应及时上锡，以免再次氧化。上锡的作用为：

① 保护引线不被氧化；

② 使焊接迅速；

③ 提高焊接质量。

（3）助焊剂的使用

适量的助焊剂是必不可缺的，但不是越多越好。过量的助焊剂会延长加热时间（助焊剂的熔化、挥发需要并带走热量），降低工作效率。若加热时间不足，助焊剂挥发不完全，会导致焊点内部"夹渣"，表面不洁。而且过量的助焊剂容易流到触点处，造成触点接触不良。

（4）保持烙铁头焊接面的清洁

在焊接过程中烙铁头长期处于高温状态，又接触助焊剂等受热分解的物质，其铜表面很容易氧化变黑，不能吸锡，热阻增大传热不良，不能正常焊接。同时，分解的杂质会导致焊点不洁。应用棉纱擦去烙铁头上的污物，再将烙铁头放在助焊剂里清洁。

（5）烙铁头与被焊件必须有良好的热接触

如果烙铁头接触角度或接触部位不恰当，会导致传热不均匀，进而影响焊点的质量。图 1-8 所示为几种常见有效的接触方法。要求烙铁头与各焊接工件均有良好的热接触。

图 1-8 烙铁头的接触法

（6）保持烙铁头上有一定的焊锡桥

焊锡"桥"即是在烙铁头上保留一定量的焊锡，作为烙铁与被焊件之间传热的"桥梁"，焊锡桥能增大烙铁头与被焊件的接触面积，提高传热效率。

（7）控制焊锡量

焊点需要足够的焊锡量以保证焊点的机械强度，但焊锡量过多会造成包焊、假焊，也造成浪费。应控制焊锡量适中，同时让所有焊点大小一致，均匀美观。

（8）控制焊接温度

加热的作用是熔化焊锡和加热焊接对象，使锡、铅原子获得足够的能量渗透到被焊金属表面的晶格中而形成合金。焊接温度过低，对焊料原子渗透不利，以致无法形成合金，极易形成虚焊；焊接温度过高，会使焊料处于非共晶状态，加速焊剂分解和挥发，使焊料品质下降，严重时还会导致 PCB 的焊盘脱落或被焊接的元器件损坏。

（9）控制焊接时间

焊接时间是指在焊接全过程中，进行物理和化学变化所需要的时间。它包括被焊金属达到焊接温度的时间、焊锡的熔化时间、助焊剂发挥作用及生成金属合金的时间几个部分。当焊接温度确定后，就应根据被焊件的形状、性质、特点等来确定合适的焊接时间。焊接时间过短，焊锡流动不充分，将造成焊点不均匀，焊点夹渣；时间过长，因热积累易导致焊接温度升高，焊锡氧化，焊点泛白失去金属光泽，且容易损坏元器件或焊接部位。对于电子元器件的焊接，除了特殊焊点以外，一般焊接时间为 3 ~ 5 s。

（10）保持元器件引脚端正

对于通孔焊接，要求焊点形成一个大小适中的圆锥体，则必须保持元器件引脚端正。

（11）保持焊接过程平稳、不抖动

在焊点固化成型前，焊料处于熔融状态，受震动极易造成漫流；在焊点固化成型时受震动，将造成焊点结构不良、表面不平滑。

（12）烙铁头的撤离法

烙铁头的主要作用是加热，待焊料熔化后，应迅速撤离焊接点，过早或过晚撤离均易造成焊点的质量问题。烙铁头的另一个作用是控制焊料量及带走多余的焊料，这与烙铁头撤离的方向有关，如图 1-9 所示。

| （a） | （b） | （c） | （d） | （e） |

图 1-9　烙铁撤离方向与焊料量的关系

如图 1-9（a）所示，烙铁头从斜上方的约 45° 角的方向离开焊点，可使焊点圆滑，并带走少量焊料；若烙铁头垂直向上撤离，容易造成焊点拉尖，如图 1-9（b）所示；当烙铁沿水平方向撤离，可带走大量焊料，如图 1-9（c）所示；当烙铁沿焊点向下撤离，也可带走大部分焊料，如图 1-9（d）所示；如果烙铁头沿焊点向上撤离，仅带走少量焊料，如图 1-9（e）所示。掌握烙铁头撤离方向，就能有效控制焊料量。一般采取烙铁头从斜上方 45° 角的方向撤离为佳。

3. 常见结构的焊接方法

（1）印制电路板的焊接

印制电路板的焊接形式很多，可分通孔焊接和贴装焊接，还可分为普通元件和集成电路焊接等。

① 通孔焊接。通孔焊接是一种最常见的焊接，其结构见图 1-10。其中如图 1-10（a）所示为单面板的焊接结构，要求被焊件的引脚要垂直于印制板，焊料应布满整个焊盘，与铜箔有良好的接触，并形成饱满的圆锥体，同时要求焊料不能包住引脚端头，一般应使端头露出 1 m 左右。如图 1-10（b）所示为双层电路板上金属化孔焊接结构，焊接时不仅要让焊料润湿焊盘，而且要让孔内润湿填充。

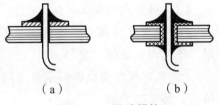

（a） （b）

图 1-10 通孔焊接

② 贴片元器件的焊接。贴片元器件手工焊接时，电烙铁最好选用恒温或电子控温烙铁，也可采用热风枪或红外线枪进行焊接。贴片最简单的手工方法是用镊子借助放大镜，仔细地将贴片元器件放到设定的位置。但由于贴片元器件的尺寸很小，不易夹持，同时容易造成对元器件的损伤。所以，在实际生产中多采用带有负压吸嘴的手工贴片装置。焊接时，用镊子固定贴片元器件，电烙铁吃锡后焊接贴片元器件的一端（对涂焊膏的焊盘，烙铁头只需带少许锡桥），待焊点固化后再焊接另一端，如图 1-11 所示。焊接的时间尽可能短，一般控制在 2～3 s 内。

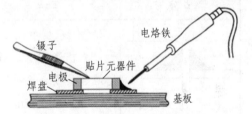

图 1-11 贴片元器件的手工焊接

③ 集成电路的焊接。对集成电路的镀金引脚的处理不能用刀刮，应采用酒精擦洗或用橡皮擦除。烙铁头应选用细小的或修整的窄一些的，保证焊接引脚时不会碰到相邻引脚。电烙铁最好选用恒温 230 ℃或功率 20 W 的烙铁，同时要求接地良好。对 CMOS 集成电路进行焊接时应保持将各引脚短路。通常集成电路的焊接顺序应为：地端→输出端→电源端→其他→输入端。

（2）导线的焊接

为了导线的焊接能顺利进行以及保证良好的焊接质量，焊接前必须进行导线的处理。导线的处理包括剪裁、剥头、捻头和上锡。

① 导线与导线之间的焊接。导线之间的焊接以绕焊为主，先将需焊接的导线绕接在一起，再均匀上锡，然后趁热套上合适的绝缘套管。

② 导线与接线端子之间的焊接。导线与接线端子之间的焊接有三种基本形式：绕焊、钩焊和搭焊。

（3）铸塑元件的焊接

电子产品中的各种开关和接插件等，都是采用热铸塑的方式制成的，它们最大的弱点就是不耐高温。铸塑元件焊接不当，极易造成铸塑元件变形、性能降低甚至损坏。对铸塑元件的焊接，首先，要处理好接点，并要求一次上锡成功，不能反复上锡；第二，应采用细小的烙铁头，焊接时不要触及塑料件和其他焊接点；第三，助焊剂使用量不能过多，防止助焊剂浸入电接触点；第四，焊接时不要对接线端子施加压力；第五，焊接时间在能保证润湿的情况下越短越好，焊锡量在能保证焊接质量的情况下也宜少不宜多。

4. 焊点要求及质量检查

（1）对焊点的要求

① 要求有可靠的电连接和足够的机械强度，焊点应有足够的连接面积和稳定的结合层，不应出现缺焊、虚焊；

② 良好焊点应是焊料用量恰到好处，外表有金属光泽、平滑，没有裂纹、针孔、夹渣、拉尖，桥接等现象。

（2）常见焊点及质量分析

如表 1-2 所示为常见焊点及质量分析。

表 1-2　常见焊点及质量分析

焊点外形	外观特点	原因分析	结　果
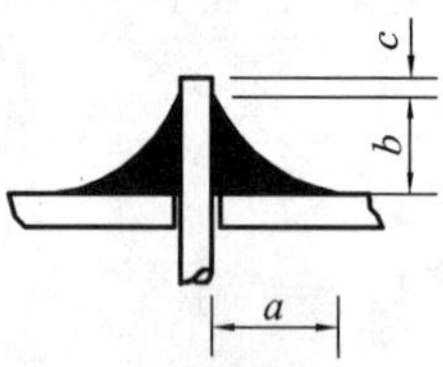	以引线为中心，匀称、成裙形拉开，外观光洁、平滑。$a=(1\sim1.2)b$，$c\approx1\ mm$	焊料适当、温度合适，焊点自然成圆锥状	外形美观、导电良好，连接可靠
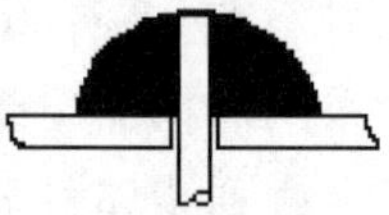	焊料过多，焊料面呈凸形	焊丝撤离过迟	浪费焊料，可能包藏缺陷
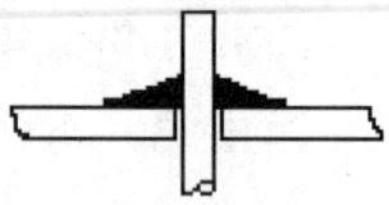	焊料过少	焊丝撤离过早	机械强度不足
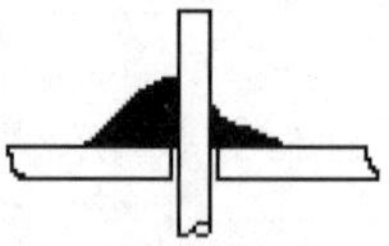	焊料未流满焊盘	烙铁撤离过早；焊料流动性不好；助焊剂不足或质量差	强度不够
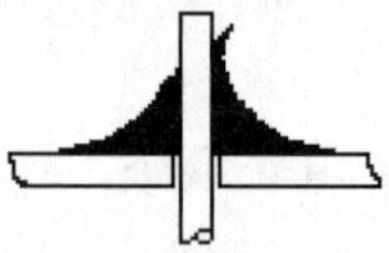	拉尖	烙铁撤离角度不当；助焊剂过少；加热时间过长	外观不佳，易造成桥接

续表 1-2

焊点外形	外观特点	原因分析	结 果
	松动	焊料未凝固前受震动,焊点下沉,表面不光滑	暂时导通,长时间导通不良
	虚焊、假焊	引脚氧化层未处理好,焊点下沉,焊料与引脚没有吸附力	导通不良或不导通
	气泡	引脚与焊盘孔的间隙过大;引脚浸润不良	暂时导通,长时间导通不良
	焊点发白,表面无金属光泽	焊接温度过大或时间过长	焊盘容易脱落,强度低
	冷焊,表面呈豆腐渣状颗粒	焊接温度过低;受震动;焊锡丝撤离过迟;烙铁撤离过早	强度低,导电不良
	相邻导线连接	电气短路	焊锡过多,烙铁撤离方向或角度不当
	焊点歪斜	引脚歪斜	不均匀美观
	拔尖	电烙铁向上撤离	强度降低;不美观

5. 焊接的注意事项

（1）焊接前首先对电烙铁进行安全检查，检查电源线是否有破损，锁紧螺钉是否锁紧，电烙铁头是否松动。用万用表检查电源线有无开路、短路和漏电。

（2）焊接时，不能反复地缠绕烙铁的电源线，以免接线端扭断，造成短路或断路。

（3）清除电烙铁上多余的焊锡时，可用棉纱、棉布等进行擦拭，不能用力摔动电烙铁，防止焊锡和烙铁头飞出造成事故，或引起电源短路。也不能用电烙铁去敲击烙铁架等，以免烙铁头损伤、烙铁心损坏和产生噪声。

（4）注意保持烙铁头有一定量的焊锡桥，增大焊接时的传热效率，同时保护烙铁头不被氧化。

（5）控制焊接时间和温度，以焊料流畅、焊点光滑为宜，长时间不使用电烙铁应断电停止加热或降压加热，以防干烧造成氧化。

（6）焊接时要保持平稳，不能抖动，以免影响焊接质量造成虚焊、假焊。

（7）CMOS 电路焊接时，要求电烙铁应良好接地。

（8）当烙铁尚未冷却时，不能随意放置，以免造成烫伤。

（9）对新烙铁头、已经氧化和缺损的烙铁头要进行处理，因烙铁头表面有氧化层，不能吸附焊锡。一般用锉刀锉掉氧化层，注意此时不能带电操作。表面处理后应迅速通电，并及时上松香和焊锡，防止烙铁头再次发生氧化。

1.3   RLC 元件的检测与预处理

在电子产品电路中，RCL 元件即电阻器、电感器和电容器。其是使用最多、最广泛的电子元件，应熟练掌握它们的特性和使用方法。

1.3.1   电阻器

当电流流经导体时，导体对电流的阻力作用称为电阻。在电路中具有电阻作用的元件称为电阻器。加在电阻器两端的电压与通过电阻器的电流之比，称为电阻器的阻值，用 R 表示，单位为 Ω（欧姆）。

1. 电阻器的分类及命名

（1）电阻器的命名方法

根据国家标准 GB2470—95 规定，电阻器的产品型号一般由以下几部分组成，如图 1-1 所示，各部分的意义见表 1-3。

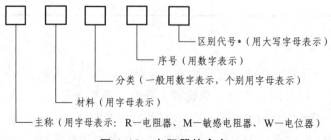

图 1-12   电阻器的命名

表 1-3　电阻器的材料、分类代号及意义

材　料		分　类					
字母代号	意　义	数字代号	意　义		字母代号	意　义	
			电阻器	电位器		电阻器	电位器
T	碳膜	1	普通	普通	G	高功率	—
H	合成膜	2	普通	普通	T	可调	—
S	有机实心	3	超高频	—	W	—	微调
N	无机实心	4	高阻	—	D	—	多圈
J	金属膜	5	高温	—			
Y	金属氧化膜	6	—	—	说明：新型产品的分类根据发展尾部以予补充		
C	化学沉积膜	7	精密	精密			
I	玻璃釉膜	8	高压	函数			
X	线绕	9	特殊	特殊			

例：RT22——碳膜普通电阻器；WSW1A——微调有机实心电位器。

（2）电阻器的分类

电阻器按其阻值特性，可分为固定电阻器、可变电阻器和敏感电阻器三大类。固定电阻器是指阻值固定不变的电阻器，通常简称为电阻，主要用于阻值固定而不需要调节变动的电路中；可变电阻器又称变阻器或电位器，主要用在阻值需要经常变动的电路中，可用来调节音量、音调、电流、电压等；敏感电阻器是指其阻值对某些物理量表现敏感的电阻元件。

电阻器按其材料结构，可分为合金型、薄膜型和合成型三类。合金型电阻包括线绕电阻和块金属膜电阻；薄膜型电阻包括热分解碳膜、金属膜、金属氧化膜、化学沉积膜等；合成型电阻包括合成碳膜、合成实心、金属玻璃釉电阻等。

（3）常用电阻器

① 碳膜电阻器。其是由碳氢化合物在真空中通过高温热分解，使碳在瓷质基体表面上沉积形成导电膜而制成，如图 1-13（a）所示。其特点是电阻器的阻值范围宽（ $10\ \Omega \sim 10\ M\Omega$ ）、稳定性好、受电压和频率的影响很小、温度系数为负值、可靠性较高、体积小，价格低廉。但其单位负荷功率较小，使用环境温度较低，主要用作通用型电阻器。

② 金属膜电阻器。真空条件下，在陶瓷表面上蒸发沉积一层金属氧化膜或合金膜而成，如图 1-13（b）所示。其特点是工作范围广（ $-55\ ℃ \sim +125\ ℃$ ）、温度系数小、噪声低、体积小。在稳定性要求较高的电路中广泛应用。

③ 金属玻璃釉电阻器。这种电阻器是以金属、金属氧化物或难熔化合物作为导电相，以玻璃釉作黏结剂，与有机黏结剂混合成浆料，被覆于陶瓷或玻璃基体上，然后经烘干、

高温烧结而成，又称厚膜电阻器，如图 1-13（c）所示。其特点是耐高温、高压、阻值范围宽（100 KΩ ~ 100 MΩ）、温度系数小、稳定可靠，耐潮湿性好。其既可做成分立元件，又可广泛用于厚膜电路。

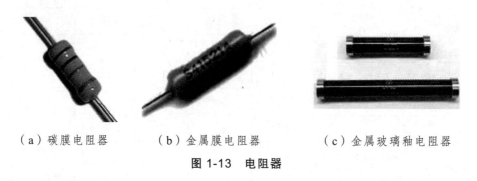

（a）碳膜电阻器　　　　（b）金属膜电阻器　　　　（c）金属玻璃釉电阻器

图 1-13　电阻器

2. 电阻器的主要参数

（1）电阻器的标称阻值

电阻器的标称阻值是指在电阻体上所标示的阻值。常用的标称阻值有 E6、E12、E24 系列，电阻的标称阻值为表 1-4 所列数值的 10^n 倍（n 为正整数、负整数或零）。例如，如表 1-4 所示，E24 系列的"2.0"包括 0.2 Ω、2.0 Ω、20 Ω、200 Ω、2 kΩ、2 MΩ 等阻值。

表 1-4　通用电阻的标称阻值系列和允许偏差

系　列	允许偏差	电阻的标称值
E24	± 5%	1.0、1.1、1.2、1.3、1.5、1.6、1.8、2.0、2.2、2.4、2.7、3.0、3.3、3.6、3.9、4.3、4.7、5.1、5.6、6.2、6.8、7.5、8.2、9.1
E12	± 10%	1.0、1.2、1.5、1.8、2.2、2.7、3.3、3.9、4.7、5.6、6.8、8.2
E6	± 20%	1.0、1.5、2.2、3.3、4.7、6.8

（2）电阻器的允许偏差

电阻器的标称阻值与实测值不可能完全相同，总是存在一定差别，把它们之间允许的最大偏差范围称为电阻器的允许偏差。通常，电阻器的允许偏差分为三级：Ⅰ 级（± 5%）、Ⅱ 级（± 10%）、Ⅲ 级（± 20%）。精密电阻器允许偏差要求高，如 ± 1%、± 2%等。

（3）电阻器的额定功率

电阻器的额定功率指电阻器在直流或交流电路中，以及在正常大气压力（86 ~ 106 kPa）和额定温度条件下，能长期连续负荷而不损坏或不显著改变其性能所允许消耗的最大功率。

电阻器额定功率系列应符合标准，见表 1-5 的规定。小功率的电阻器在电路图中，通常不标出额定功率符号。大于1 W的电阻器可用阿拉伯数字加单位表示或用罗马数字标注。如图1-14所示为电路图中表示电阻器额定功率的常见图形符号。

表 1-5 电阻器额定功率系列

电阻器类型	额定功率系列
线绕电阻器	0.05，0.125，0.25，0.5，1，2，4，8，10，16，25，40，50，75，100，150，250，500
非线绕电阻器	0.05，0.125，0.25，0.5，1，2，5，10，25，50，100
线绕电位器	0.25，0.5，1，1.6，2，3，5，10，16，25，40，63，100
非线绕电位器	0.025，0.05，0.1，0.25.0.5，1，2，3

| 1/4 W | 1/2 W | 1 W | 2 W | 5 W | 10 W | 25 W |

图 1-14 电阻器额定功率的图形符号

（4）电阻器的温度系数

电阻器的电阻值随温度的变化略有改变。温度每变化1 ℃所引起电阻值的相对变化称为电阻器的温度系数。温度系数愈大，电阻器的稳定性愈不好。

电阻器的温度系数有正的（即阻值随温度的升高而增大），也有负的（即温度升高时阻值减小）。在一些电路中，电阻器的这一特性，被作为温度补偿使用（如热敏电阻器）。

3. 电阻器的识别

电阻器识别可根据电阻器的标志进行识别。常用的标志方法有以下几种：

（1）直标法

用阿拉伯数字和单位符号（Ω、kΩ、MΩ）在电阻体表面直接标出阻值，用百分数标出允许偏差的方法称为直标法。例如：24 kΩ，±10%。

（2）文字符号法

将阿拉伯数字和文字符号有规律的组合起来，以表示标称值和允许偏差的方法称为文字符号法。

标称阻值的单位标志符号见表 1-6，单位符号的位置则代表标称阻值有效数字中小数点所在位置。

表 1-6 标称阻值的单位标志符号

标称阻值		标称阻值	
标志符号	单位及进位	标志符号	单位及进位
Ω	Ω（$10^0\,\Omega$）	G	GΩ（$10^9\,\Omega$）
k	kΩ（$10^3\,\Omega$）	T	TΩ（$10^{12}\,\Omega$）
M	MΩ（$10^6\,\Omega$）		

例：Ω33—0.33Ω，3Ω3—3.3Ω，3k3—3.3kΩ，3M3—3.3MΩ，3T3—3.3×10⁶MΩ。

允许偏差的标志符号见表1-7。

表1-7　允许偏差的标志符号

对称偏差				不对称偏差	
标志符号	允许偏差（%）	标志符号	允许偏差（%）	标志符号	允许偏差（%）
E	±0.001	D	±0.5	H	+100，−0
X	±0.0025	F	±1	R	+100，−10
Y	±0.005	G	±2	T	+50，−10
H	±0.01	J	±5	Q	+30，−10
U	±0.025	K	±10	S	+50，−20
W	±0.05	M	±20	Z	+80，−20
B	±0.1	N	±30	无标记	+无规定，−20
C	±0.25				

（3）色标法

色标法是指用不同颜色表示元件不同参数的方法。在电阻器上，不同的颜色代表不同的标称值和偏差，见表1-8。

表1-8　色标符号

颜色	数字	乘数	偏差（%）	颜色	数字	乘数	偏差（%）
银色	—	10^{-2}	±10	绿色	5	10^5	±0.5
金色	—	10^{-1}	±5	蓝色	6	10^6	±0.2
黑色	0	10^0	—	紫色	7	10^7	±0.1
棕色	1	10^1	±1	灰色	8	10^8	—
红色	2	10^2	±2	白色	9	10^9	+5，−20
橙色	3	10^3	—	无色	—	—	±20
黄色	4	10^4	—				

① 四色环。普通电阻大多用四色环色标法进行标注。四色环的前两条色环表示阻值的有效数字，第三条色环表示阻值的乘数（数量级），第四条色环表示阻值的允许偏差范围。如图1.15（a）所示。

② 五色环。精密电阻大多用五色环色标法进行标注。五色环的前三条色环表示阻值的有效数字，第四条色环表示阻值乘数，第五条色环表示阻值允许偏差范围。如图1-15（b）所示。

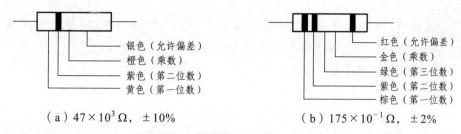

（a）$47 \times 10^3 \Omega$，$\pm 10\%$ （b）$175 \times 10^{-1} \Omega$，$\pm 2\%$

图 1-15 固定电阻器的色标示例

③ 三色环。有时电阻也用三色环色标法进行标注。其实三色环色标法与四色环色标法是一样的，只是第四条色环为无色，其允许偏差为 ±20%。

采用色环标志的电阻器，颜色醒目、标志清晰、不易退色，从各方向都能看清阻值和允许偏差。在电子产品装配时，无须注意电阻器的标志方向，有利于提高插装速度，减轻装配人员的劳动强度；有利于整机的自动化生产和增加装配密度。在整机的调试和检修过程中不用拨动电阻器即可看清阻值。但是，在实际使用过程中，由于色彩标志不规范、电阻器体积过小等因素，使色环电阻器不易判别。

下面绍介色环电阻器第一条色环的判别方法：

① 一般第一条色环紧靠端面，如图 1-15（a）所示的黄色和如图 1-15（b）所示的棕色；

② 末尾环与其他环间距要稍大一些，如图 1-15（a）所示的银色和如图 1-15（b）所示的红色；

③ 金、银不为首环，见表 1-8；

④ 橙、黄及灰色不为末尾环，见表 1-8；

⑤ 当判别首尾难分、色彩难辨的色环电阻器时，可将读数与万用表实际测量值比较后再进行判断，其中与万用表实际测量值相近的读数正确。另外还应注意银环容易氧化发黑，但其又与油漆的黑色不一样，没有光泽。

（4）数码表示法

用三位数码表示电阻器标称值的方法称为数码表示法，简称数码法。数码方向是从左向右的，第一、二位数字为有效数，第三位是乘数（或为零的个数），单位为 Ω。其允许偏差通常用文字符号表示。数码法主要用于贴片等小体积的电阻器，例如：512K——$51 \times 10^2 \Omega$，误差为 ±10%；513J——$51 \times 10^3 \Omega$，误差为 ±5%。

4. 电阻器的质量判别

（1）外观检查

从外观检查电阻体表面有无烧焦、断裂及引线有无折断现象。对于在路的电阻器，可能出现松动、虚焊和假焊等现象，可用手轻轻地摇动引线进行检查，也可用万用表 Ω 挡测量，有问题就会发现指针指示不稳定。

（2）阻值检查

电阻内部损坏或阻值变化较大，可通过万用表 Ω 挡来测量核对。合格的电阻值应该稳定在允许的误差范围内，若超出误差范围或阻值不稳定，则说明电阻不正常，不能选用。对电阻的其他参数则应采用仪表或专用测试设备进行判别。

（3）电阻器测量注意事项

① 严禁带电测量；

② 选择合适的量程并校零，使指针落在表盘的中间区域，减少读数误差；

③ 用手捏住电阻的一端引脚进行测量，不能用手捏住电阻体，防止人体电阻短路影响测量结果。

5. 电阻器的选用

选用电阻器应根据电子产品整机的使用条件和电路的具体要求，从电气性能到经济价值等方面综合考虑。不要片面采用高精度和非标准系列的电阻产品。

（1）电阻器选用的基本原则

① 在选用电阻器时必须首先了解电子产品整机的工作环境条件，然后与电阻器技术性能中所列的工作环境条件相对照，从中选用条件相一致的电阻器。

② 要了解电子产品整机的工作状态。所谓工作状态是整机工作时的机械环境条件，如所受的振动、冲击、离心力等条件。

③ 既要从技术性能方面考虑满足电路技术要求以保证整机的正常工作，又要从经济上考虑其价格、成本，还要考虑其货源和供应情况。

④ 根据不同的用途选用。

⑤ 阻值应选取最靠近计算值的一个标称值。

⑥ 电阻器的额定功率应选取一个比计算的耗散功率大一些（1.5～2倍）的标称值。

⑦ 电阻器的耐压也应充分考虑，应选取比额定值大一些的，否则会引起电阻器击穿、烧坏。

⑧ 选用时，不仅要求其各项参数符合电路的使用条件，还要考虑外形尺寸、散热等因素。

（2）电阻器代换的基本原则

① 选取阻值相等或最相近的；

② 功率选取是能大勿小，最好相同；

③ 电阻精度宁高勿低；

④外形大小应相符。

6. 可变电阻器

（1）可变电阻器的分类

① 按结构形式可分为电位器、可调电阻器和微调电阻器（半可变电阻器），其电路符号如图 1-16 所示。微调电阻器主要用在阻值不经常变动的电路中，其转动结构比较简单，

如图 1-17（c）所示。可调电阻器，其阻值可以调节，且只有两只引脚。

电位器　　　可调电阻器　　　微调电阻器

图 1-16　可变电阻器在电路中的图形符号

② 按调节方式可分为旋转式（或转轴式）和直滑式电位器。如图 1-17（a）和图 1-17（b）所示是旋转式电位器，可顺时针、逆时针旋转电位器的转轴来调节阻值；如图 1-17（d）所示是直滑式电位器，通过滑柄做直线滑动来改变阻值。

③ 按联数可分为单联式和双联式电位器。单联式电位器就是一个转动轴，只控制一个电位器的阻值变化，如图 1-17（a）所示；双联式电位器可用一个转动轴同步控制两个电位器的阻值变化，如图 1-17（b）所示。

④ 按有无开关可分为开关电位器和无开关电位器。

⑤ 按输出函数特性可分为线性电位器（X 型）、对数电位器（D 型）和指数电位器（Z型）三种。

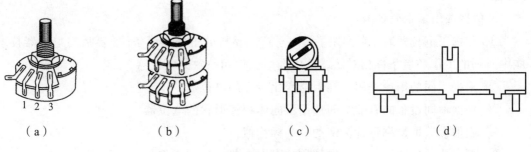

（a）　　　　　　（b）　　　　　　（c）　　　　　　（d）

图 1-17　可变电阻器常见外形图

（2）电位器的结构及工作原理

以旋转式电位器为例，电位器由电阻体、滑动片、转动轴、外壳和焊片构成，如图 1-18所示。转动轴旋转时，滑动片紧贴着电阻体转动，这时 A、C 或 B、C 引出端的阻值会随着轴的转动而变化。由于转动轴旋转时可能会引起干扰，使用时，需将外壳接地，以抑制干扰。

（3）电位器的质量判定

① 用万用表 Ω 挡测量电位器的两个固定（A、B）端，其阻值应为电位器的标称值或接近其标称值。

② 测量某一固定端与可调端（A、C 或 B、C）之间的电阻，反复慢慢旋转电位器转轴，观察指针是否连续、均匀变化。如果指针不动或跳动则说明电位器有故障或损坏。

③ 测量各端子与外壳是否绝缘。

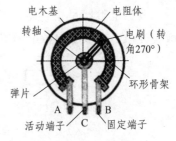

电木基　　　　电阻体
转轴　　　　　　　电刷（转角270°）
弹片　　　　　　　环形骨架
　　　A　　B
活动端子　C　　固定端子

图 1-18　所示电位器的结构

（4）电位器的选用

电位器的规格品种很多，在选用时，不仅要根据具体电路的使用条件来确定，还要考虑调节、操作和成本等方面的要求。针对不同用途推荐的电位器选用类型见表1-9。

表1-9　各类电位器性能比较

性　能	线　绕	金属膜	合成实心	合成碳膜	金属玻璃釉	金属膜
阻值范围/Ω	4.7～5.6 k	2～5 k	100～4.7 M	470～4.7 M	100～100 M	100～100 k
线性精度（±%）	>0.1	—	—	>0.2	<10	—
额定功率/W	0.5～100	0.5	0.5～2	0.5～2	0.5～2	—
分辨率	中～良	极优	良	优	优	优
滑动噪声	—	—	中	低～中	中	中
零位电阻	低	低	中	中	中	中
耐潮性	良	良	差	差	优	优
耐磨寿命	良	良	优	良	优	良
负荷寿命	优良	优良	良	良	优良	优

电位器选用基本原则为：

① 在选用电位器时，应首先了解电子产品整机的工作环境条件，然后与电位器技术性能中所列的工作环境条件相对照，从中选用条件相一致的电位器；

② 根据不同的用途选用不同阻值变化特性的电位器；

③ 根据不同设备的有效空间选用不同体积和形状的电位器；

④ 阻值应选取最靠近计算值的一个标称值；

⑤ 额定功率应选取比计算的耗散功率大一些（1.5～2倍）的标称值。

7. 敏感电阻器

（1）敏感电阻器的分类

敏感电阻器是指其阻值对某些物理量表现敏感的电阻元件。常用的敏感电阻器有热敏、光敏、压敏和湿敏电阻器等，其电路符号如图1-19所示。

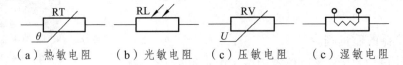

　（a）热敏电阻　　（b）光敏电阻　　（c）压敏电阻　　（c）湿敏电阻

图1-19　常见敏感电阻器的电路符号

① 热敏电阻器。热敏电阻器的阻值是随着环境和电路的工作温度变化而变化的。它有两种类型，一种是正温度系数型（PTC），另一种是负温度系数型（NTC）。

② 光敏电阻。光敏电阻是应用半导体光电效应原理制成的一种器件。其阻值随入射光的强弱而改变，当光敏电阻受到光照时，半导体产生大量载流子，使光敏电阻的电阻率减

少；而当光敏电阻无光照射时，光敏电阻呈高阻状态。

③ 压敏电阻器。压敏电阻器其伏安特性是非线性的，对外加电压非常敏感，当电阻器两端电压增加到某一特定值时，其电阻值即急剧减小。

④ 湿敏电阻器。湿敏电阻器是利用半导体表面吸附水汽后其电阻率发生变化的特性制成的敏感元件。它可用于相对湿度的测量，也可以在电子产品中用于湿度测量和控制。

（2）敏感电阻器的检测

① 热敏电阻器的检测

热敏电阻器的检测，将万用表置于电阻挡，用两表笔分别接热敏电阻器的两引脚，同时用电吹风给热敏电阻器加热，调节电吹风的加热距离观察万用表的指针变化，如图 1-20（a）所示。

② 光敏电阻器的检测

光敏电阻器的检测与热敏电阻的检测类似，用两表笔分别接光敏电阻器的两引脚，同时用可调台灯给光敏电阻器进行光照，调节可调台灯改变灯泡的强弱观察万用表的指针变化，如图 1-20（b）所示。

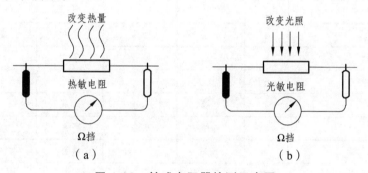

图 1-20　敏感电阻器检测示意图

1.3.2　电容器

电容器的基本结构是两个相互靠近的导体之间夹一层不导电的绝缘材料——电介质，如图 1-21 所示。在电容两导体（称为电极或极板）上施加一定电压 U，两个极板上就分别有等量异号电荷 Q，两极间的电压越高，极板上聚集的电荷也就越多，而电荷量与电压的比值则保持不变，这个比值称为电容器的电容量，用符号 C 表示，其表征了电容器储存电荷的能力，基本单位是法拉，以 F 表示。常用单位有微法（μF）、纳法（nF）和皮法（pF），其关系为：

$1\ F=10^{6}\ \mu F=10^{9}\ nF=10^{12}\ pF$。

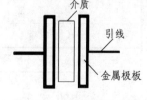

图 1-21　电容器基本结构示意图

1. 电容器分类及命名

（1）电容器分类

电容器按结构可分为固定电容器、可变电容器两大类。按照电容器的介质材料，又可分为固体有机介质电容器、固体无机介质电容器、电解电容器和气体电容器等。按照电容器有无极性又可分为极性电容器和无极性电容器。按用途可分为旁路、滤波、耦合、调谐电容器等。

（2）电容器的命名

国产电容器的命名与电阻器相同，也是由四个部分组成，即第1部分为主称（C-电容器）、第2部分为材料、第3部分为分类、第4部分为序号。电容器材料、分类代号及意义见表1-10。

表 1-10　电容器材料、分类代号及意义

材　料		分　类				
代号	意　义	代号	意　义			
			瓷介	云母	有机	电解
C	高频陶瓷	1	圆形	非密封	非密封	箔式
T	低频陶瓷	2	管形	非密封	非密封	箔式
I	玻璃釉	3	叠片	密封	密封	烧结粉非固体
O	玻璃膜	4	多层	独石	密封	烧结粉固体
Y	云　母	5	穿心	—	穿心	—
V	云母纸	6	支柱式	—	—	—
J	纸　介	7	交流	标准	片式	无极性
Z	金属化纸	8	高压	高压	高压	高压
B	聚苯乙烯	9	—	—	特殊	特殊
BF	聚四氟乙烯	G	高功率			
Q	漆　膜	J	金属化			
H	复合介质	L	立式矩形			
D	铝电解质	M	密封型			
A	钽电解质	T	铁　片			
N	铌电解质	W	微　调			
G	合金电解	Y	高　压			
L	极性有机薄膜					
LS	聚碳酸酯薄膜					
E	其他材料电解质					

2. 常用电容器

（1）纸介电容器。这是生产历史最悠久的电容器之一，以纸介作为介质，以金属箔作为电容器的极板，卷绕而成。这种电容器容量范围宽，耐压范围宽，成本低，但体积大。

（2）有机薄膜电容器。此种电容器在结构上与纸介电容基本一致，区别在于介质材料不是电容纸，而是有机薄膜。有机薄膜只是一个统称，具体又有涤纶、聚苯乙烯等七八种之多。这种电容不论从体积重量上，还是在电参数上，都要比纸介电容器优越得多。

（3）瓷介电容器。瓷介电容器也是一种生产历史悠久的电容器，一般按其性能可分为：低压（电压低于 1 kV）小功率和高压（电压高于 1 kV）大功率两种。低压小功率电容器常见的有瓷片、瓷管、瓷介独石等类型。这种电容器体积小、重量轻、价格低廉，在普通电子产品中使用广泛。瓷片电容器的容量范围较窄，一般在几 pF 到 0.1 μF 之间。

（4）电解电容器

电解电容器以金属氧化物膜做介质，以金属和电解质组作为电容的两极，如图 1-22 所示。金属为正极，电解质为负极。电解电容器，其体积比其他电容要小上几个或十几个数量级，特别是低压电容更为突出。但电解电容器损耗大，温度、频率特性差，绝缘性能差，长期存放可能干涸、老化。常见电解电容器有铝电容器、钽电容器、铌电解电容器等。

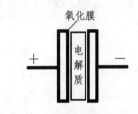

图 1-22　电解电容器结构示意图

（5）可变电容器

可变电容器是一种容量可连续变化的电容器。可变电容器由两组形状相同的金属片间隔一定距离，并夹以绝缘介质而成。其中一组金属片是固定不动的称为定片；另一组金属片和转动轴相连，能在一定角度内转动（称为动片）。旋转动片改变两组金属片之间的相对面积，使电容量可调。

可变电容器的种类很多，按照介质划分有空气可变电容器和薄膜可变电容器。按照联数划分有单联、双联和四联等，如图 1-23 所示为双联可变电容器的外形图和电路符号。

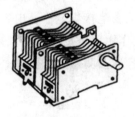 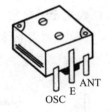

（a）空气可变电容器　　　　　（b）薄膜可变电容器　　　　　（c）电路符号

图 1-23　双联可变电容器

3. 电容器的识别

（1）直标法识别。在产品表面直接标识，其容量的有效值用阿拉伯数字表示，单位则以文字符号（pF、μF、F）标出，允许偏差用百分数表示。对于小容量（小于 100 pF）电容器，通常不标出单位和误差，如 56 表示为 56 pF。

（2）文字符号法识别。将容量、允许偏差用文字、数字两者有规律地组合起来，标称容量的单位标志符号见表 1-11，单位符号的位置则代表标称容量有效数字中小数点所在位置。

表 1-11   标称容量的单位标志符号

标志符号	单位及进位	标志符号	单位及进位
F	F（10^0 F）	n	nF（10^{-9} F）
m	mF（10^{-3} F）	P	PF（10^{-12} F）
μ	μF（10^{-6} F）		

例：p33——0.33 pF，5p1——5.1 pF，3n3——3.3 nF，5μ1——5.1 μF，33 m——33×10^3 μF。

（3）色标法。电容器色标法与电阻器相似，在产品表面用不同颜色来表示各种参数的不同数值，单位为 pF。

（4）数码表示法。电容器数码表示法基本上与电阻器数码表示法相同，但当第三位数为 9 时表示 10^{-1}，单位为 pF。在微法容量中，小数点是用 R 字母表示。例如：471J——47×10^1 pF，误差为 ±5%；339 K——33×10^{-1} pF，误差为 ±10%，5R1K——5.1 μF，误差为 ±10%。

4. 电容器的质量判别

（1）对于容量大于 5 100 pF 的电容器，可用万用表 R×10 k、R×1 k 挡测量电容器的两引脚。正常情况下，表针先向电阻值为零的方向摆去，然后向电阻值为∞方向退回（充电）。如果表针回不到∞，而是停在某一数值上，指针稳定后指示的阻值就是电容器的绝缘电阻（也称漏电电阻）。一般的电容器绝缘电阻在几十兆欧以上，若所测电容器的绝缘电阻小于上述值，则表示电容器漏电。绝缘电阻越小，漏电越严重。若绝缘电阻为零，则表明电容器已击穿短路；若表针不动，则表明电容器内部开路。

（2）对于容量小于 5 100 pF 的电容，由于充电时间很快，充电电流很小，即使用万用表的高阻值挡也看不出表针摆动。所以，可以借助一个 NPN 型的三极管，利用其放大作用来测量。选用 R×10 k 挡，将万用表红表笔接三极管发射极，黑表笔接集电极，电容器接到集电极和基极两端，如图 1-24（a）所示，利用晶体管的放大作用就可以看到表针摆动。也可利用交流信号来进行测量，即万用表或试电笔通过串接电容器去测量交流信号。

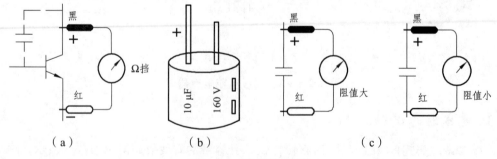

（a）　　　　　　　（b）　　　　　　　（c）

图 1-24   电容器判别

（3）使用电解电容时应注意电容器的极性，一般正极引线长，负极引线短，通常其外壳上标注有极性，如图 1-24（b）所示。使用万用表进行判别时，将万用表黑表笔（电池的正极）与电容器的正极相接，红表笔与电容器的负极相接，称为电容器的正接；将万用表红表笔接电容器的正极，而黑表笔接电容器的负极，称为反接。因为电容器正接时比反接时的漏电电阻大，所以，可根据电容器正接时比反接时的漏电电阻大来判定其引脚极性，如图 1-24（c）所示。

（4）可变电容的漏电、碰片，可用万用表"Ω"挡来检查。将万用表的两只表笔分别与可变电容器的定片和动片引出端相连，同时将电容器来回旋转几下，表针均应在∞位置不动，如果表针指向零或某一较小的数值，说明可变电容器已发生碰片或漏电严重。

5．电容器的选用

电容器种类很多，性能指标各异，选用时应考虑如下因素：

（1）电容器额定电压。不同类型的电容器有其不同的电压系列，所选电容器必须在其系列之内，此外所选电容器的额定电压值一般应高于电路施加在电容器两端电压的 1～2 倍。但也不必过分提高额定电压，否则不仅提高了成本，而且增大了体积。

（2）标称容量及精度等级。各类电容器均有其标称值系列及精度等级。电容器在电路中作用不同，则对其要求不同，某些场合要求一定精度，而在较多场合容量范围可以相差很大。因而在确定容量及精度时，应首先考虑电路对容量及精度的要求，而不要盲目追求电容器的精度等级，因为电容在制造中容量控制较难，不同精度的电容价格相差很大。

（3）体积。相同耐压及容量的电容器可以因介质材料不同，而使体积相差几倍或几十倍。在产品设计中都希望产品体积小、重量轻，特别是在印制电路中，更希望选用小型电容器。单位体积的电容量称为电容器的比电容。比电容越大，电容器的体积越小。

1.3.3 电感器

凡能产生电感作用的器件统称电感器。电感器是根据电磁感应原理制作的电子元件，可分为两大类：一类是利用自感作用的电感线圈；另一类是利用互感作用的变压器和互感器。电感器的单位是亨利（H），常用的有毫亨（mH）、微亨（µH）。

1．电感线圈的分类

电感线圈按工作特征分成固定和可变两种，如图 1-25 所示。按磁导体性质分成单层、蜂房式、有骨架式或无骨架式。

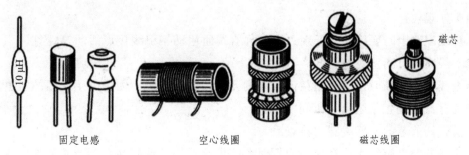

固定电感　　　　　空心线圈　　　　　磁芯线圈

图 1-25　电感线圈分类

（1）空心线圈。用导线绕制在纸筒、胶木筒或塑料筒上的线圈或绕制后脱胎而成的线圈称为空心线圈。这类线圈在绕制时，线圈中间不加介质材料。空心线圈的绕制方法很多，常见有密绕法、间绕法、脱胎法以及蜂房式绕法等。

（2）磁心线圈。将导线在磁心、磁环上绕制形成的线圈或在空心线圈中装入磁心而构成的线圈均称为磁心线圈。

（3）可调电感线圈。可调电感线圈是在空心线圈中插入位置可变的磁心或铜心材料而构成。当旋动磁心或铜心时，改变了磁心或铜心在线圈中相对位置，即改变了电感量。

2. 电感线圈的识别

（1）直标法。电感线圈的直标法与电阻器的直标法相似，用阿拉伯数字和单位符号（H、mH、μH）在电感体表面直接标出电感量，用百分数标出允许偏差。例如：1 mH，±10%。

（2）色标法。电感线圈色标法如图 1-26 所示。

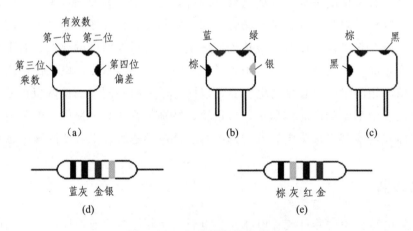

图 1-26　电感线圈的色标法

如图 1-26（b）所示的电感线圈标称值为 650 μH，±10%，如图 1-26（c）所示的电感线圈标称值为 10 μH，±20%，如图 1-26（d）所示中的电感线圈标称值为 6.8 μH，±10%，如图 1-26（e）所示的电感线圈标称值为 1.8μH，±5%。

3. 电感线圈的质量判别

（1）外观检查

电感线圈选用时要检查其外观，不允许有线匝松动，引线接点活动等现象。

（2）线圈通、断检测

检查线圈通、断时，应使用精度较高的万用表或欧姆表，因为电感线圈的阻值均比较小，必需仔细区别正常阻值与匝间短路。

（3）带调节芯的电感线圈的检查

带调节芯的电感线圈，在成品出厂时，其电感量均已调好并在调节芯处封蜡或点油漆加以固定，一般情况下不允许随意调整。

（4）电感线圈的电感量可用专门的仪器测量，也可用万用表粗略测量，如图 1-27 所示连接电路，观察万用表指针的偏转，读电感量对应的刻度。

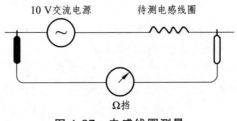

10 V交流电源　　待测电感线圈

Ω挡

图 1-27　电感线圈测量

（5）电感线圈的选用

电感线圈种类繁多，结构形式各异，性能指标也各不相同，其选用方法类似于电阻器。

4. 变压器的分类

变压器是将两组或两组以上线圈（初级和次级线圈）绕在同一骨架上，并在绕好的线圈中插入铁心或磁心等导磁材料而构成，在电路中起变换电压、电流和阻抗的作用。

变压器的种类较多，一般按工作频率分为低频变压器、中频变压器和高频变压器。根据铁心的形状不同分为 E 形、口形、F 形、C 形及环形变压器，如图 1-28 所示。

E形　　　口形　　　F形　　　C形　　　环形

图 1-28　变压器铁心的形状

5. 常用变压器

（1）音频变压器。音频变压器可分为输入和输出变压器两种。主要用在收音机末级功放上起阻抗变换作用。

（2）中频变压器。适用频率范围从几千赫兹到几十兆赫兹。它是超外差式接收机中的重要元件，又叫中周，起选频、耦合、阻抗变换等作用。

（3）高频变压器。一般又分为耦合线圈和调谐线圈。调谐线圈与电容可组成串、并联谐振回路，起选频等作用。天线线圈、振荡线圈都是高频线圈。

（4）电源变压器。电源变压器大都是交流 220 V 降压变压器，用于电子产品的低压供电。

6. 变压器的主要参数

（1）额定电压。变压器的额定电压包括初级额定电压（U_1）和次级额定电压（U_2），初级额定电压是指变压器初级绕组按规定应加上的工作电压；次级额定电压是指初级绕组加上额定电压时，次级输出的电压。

（2）额定电流。额定电流是指变压器初级加上额定电压并满负荷工作时，初级输入电流（I_1）和次级的输出电流（I_2）。

（3）额定功率。指在规定的频率和电压下，变压器能长期工作而不超过规定温升的输出功率。

（4）匝数比（n）。它是指次级绕组匝数（N_2）与初级绕组匝数（N_1）之比，即 $n = N_1/N_2 = U_1/U_2 = I_2/I_1$。

7. 变压器的质量判别

（1）变压器的测量

变压器的测量与电感器的测量基本相同。同时还应考虑初、次级的判断和绕组间绝缘电阻的测量。

（2）变压器的初、次级判断

变压器初、次级的判断，可根据变压器的变压比与电压及电抗的关系来确定。$U_1/U_2 = N_1/N_2$，$Z_1/Z_2 = (N_1/N_2)^2$，也即是电压正比于匝数也正比于电抗。

1.4 稳压电路的设计

1.4.1 参考电路（如图 1-29 所示）

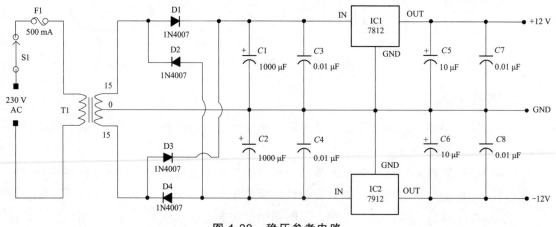

图 1-29 稳压参考电路

1.4.2 三端集成稳压器 78XX/79XX 系列

三端固定输出集成稳压器是一种串联调整式稳压器。它将全部电路集成在单块硅片上，整个集成稳压电路只有输入、输出和公共 3 个引出端，使用非常方便。典型产品有 78XX 正电压输出系列和 79XX 负电压输出系列。其封装形式和引脚功能如图 1-30 所示，其中，78XX 系列的正电压输出见图 1-30（a），79XX 系列的负电压输出见图 1-30（b）。

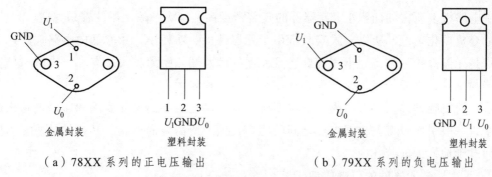

（a）78XX 系列的正电压输出　　　　　　　　（b）79XX 系列的负电压输出

图 1-30　三端固定输出集成稳压器的封装形式和引脚功能

78XX/79XX 系列中的型号 XX 表示集成稳压器的输出电压的数值，以 V 为单位。每一类稳压器的输出电压有 5 V、6 V、7 V、8 V、9 V、10 V、12 V、15 V、18 V、24 V 等，能满足大多数电子设备所需要的电源电压。中间的字母通常表示流出电流等级，输出电流一般分为 3 个等级：100 mA（78LXX/79LXX），500 mA（78MXX/79MXX），1.5 A（78XX/79XX）。后缀英文字母表示输出电压容差与封装形式等。

三端集成稳压器内部电路由恒流源、基准电压源、取样电阻、比较放大电路、调整管、保护电路、温度补偿电路等组成。输出电压值取决于内部取样电阻的数值，最大输出电压为 40 V。

三端固定输出电压集成稳压器，因其内部有过热、过流保护电路，故性能优良，可靠性高。又因这种稳压器具有体积小、使用方便、价格低廉等优点，所以得到了广泛应用。

1.5　稳压电路的安装与调试

1.5.1　元器件引脚成型工艺

目前，在电子产品中应用了大量不同种类、不同功能的电子元器件，它们不仅在外形上有很大的区别，而且其引脚也多种多样。为了使元器件在印制电路板上的装配排列整齐，并便于安装和焊接，提高装配的质量和效率，增强电子产品的防振性和可靠性，因此在安装前，应根据安装位置的特点及技术方面的要求，预先把元器件引脚弯曲成一定的形状——元器件的引脚要根据焊盘插孔的设计做成需要的形状，引脚折弯成型要符合后期的安插需要，目的就是使它能够迅速而准确地安插到电路板的插孔内。

元器件引脚成型是针对小型元器件的。大型器件不可能悬浮跨接，而是单独立放，且大部分必须用支架、卡子等固定在安装位置上。小型元器件可用跨接、立、卧等方法进行插装、焊接，并要求受振动时不变动器件的位置。

1. 成型的基本要求

（1）元器件引脚成型的要求

元器件进行安装时，通常有立式安装和卧式安装两种方式。立式安装的优点是元器件在印制电路板上所占的面积小，元器件的安装密度高；其缺点是元器件容易相碰，散热差，且不适合机械化装配，所以立式安装常用于元器件多、功耗小、频率低的电路。卧式安装的优点是元器件排列整齐、牢固性好，且元器件的两端点距离较大，有利于排版布局，便于焊接与维修，也便于机械化装配；缺点是所占面积较大。

不同的安装方式，要求的成型形状不同。为了满足安装的尺寸要求和印制电路板的配合要求，一般引脚成型是根据焊点之间的距离，做成所需的形状，其目的是使元器件能迅速而准确地插入安装孔内。

① 手工插装元器件的引脚成型

在插装之前，需要对电子元器件的引脚形状做一定的处理。轴向双向引出线的元器件可以采用卧式跨接和立式跨接两种方式，如图 1-31 所示。如图 1-31（a）所示，L 为两焊盘的跨接间距，l 为元件体长度，d 为元件引脚的直径，折弯点到元件体的长度应大于 1.5 mm，两条引脚折弯后应平行，引脚折弯半径大于引脚直径的 2 倍。如图 1-31（b）所示，立式安装时，弯曲半径 r 应大于元件体的半径。另外要求元件的标称值或标记应处在便于查看的位置。

对于温度敏感的元器件，可以适当增加一个绕环，如图 1-32 所示，这样可以增加引脚的长度，防止元器件受热损伤。

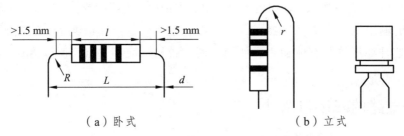

（a）卧式　　　　　　　　　（b）立式

图 1-31　手工插装元器件的引脚成型标准

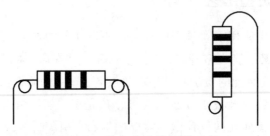

图 1-32　带有绕环的引脚形状

② 自动插装元器件的引脚成型

自动插装元器件引脚成型的具体形状如图 1-33 所示。

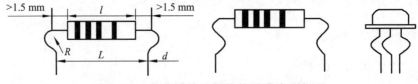

图 1-33　自动插装元器件的引脚成型标准

　　自动插装是由自动插装机完成的，它是一种由程序控制的自动插件设备。零件的送入、引脚的成型和插入印制电路板都是由机械手完成的。为了保证元器件插入电路板并能够良好地定位，元器件的引脚弯曲形状和两脚之间的距离必须保持一致，且精度要求较高。自动插装方式，可能会出现因振动而使元器件歪斜或浮起等缺陷，故在折弯处加一个半环。

2. 成型的方法

　　目前，元器件引脚成型的方法主要有专用模具成型、专用设备成型以及尖嘴钳进行简单的加工成型等三类。其中手工模具成型较为常用。常用的成型模具如图1-34所示，模具的垂直方向开有供插入元器件引脚的长条形孔，孔距等于格距。将元器件的引脚从上方插入长条形孔后，插入插杆，引脚成型，用这种办法加工成型的引脚一致性较好。

图 1-34　引脚成型模具

　　如果加工的元器件少，或加工一些外形不规则的元器件时，可以使用尖嘴钳加工引脚。这时，一般要把尖嘴钳内侧加工成弧形，以免夹伤元器件的引脚。

　　为了保证安装质量，元器件的引脚成型应满足如下技术要求：

　　① 引脚成型后，元器件本体不应产生破裂，表面封装不应损坏，引脚弯曲部分不允许出现模印、压痕和裂纹。

　　② 引脚成型后，其直径的减小或变形不应超过10%，其表面镀层剥落长度不应大于引脚直径的1/10。

　　③ 若引脚有熔接点时，在熔接点和元器件本体之间不允许有弯曲点，熔接点到弯曲点之间应保持 2 mm 左右的间距。

1.5.2　普通元器件的安装

1. 安装方法

　　元器件的安装方法有手工安装和机械安装两种，前者简单易行，但效率低，误装率高。而后者安装速度快，误装率底，但设备成本高，引线成形要求严格。

　　（1）贴板安装。安装形式如图1-35所示，它适用于防震要求高的产品。元器件贴紧硬制基板面，安装间隙小于 1 mm。当元器件为金属外壳，安装面又有硬制导线时，应加绝缘衬垫或套绝缘管套。

（2）悬空安装。安装形式如图 1-36 所示，它适用于发热元件的安装。元器件距硬制基板板面有一定高度，安装距离一般在 3～8 mm 范围内，以利于对流散热。

（3）垂直安装。安装形式如图 1-37 所示，它适用于安装密度较高的场合。元器件垂直于印制基板面，但对质量大且引线细的元器件不宜采用这种形式。

（4）埋头安装（倒装）。安装形式如图 1-38 所示。这种方式可提高元器件防震能力，降低安装高度。元器件的壳体埋于印制基板的嵌入孔内，因此又称为嵌入式安装。

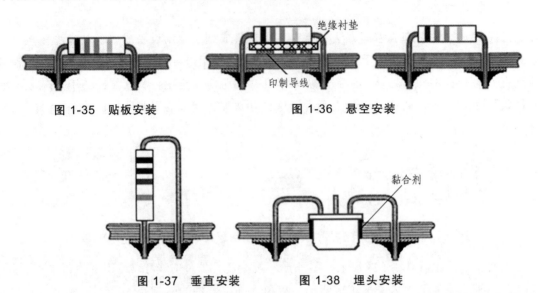

图 1-35　贴板安装　　　　　　图 1-36　悬空安装

图 1-37　垂直安装　　　　图 1-38　埋头安装

（5）有高度限制时的安装。安装形式如图 1-39 所示。元器件安装高度的限制，一般在图纸上是标明的，通常处理的方法是垂直插入后，再朝水平方向弯曲。对大型元器件要特殊处理，以保证有足够的机械强度，经得起震动和冲击。

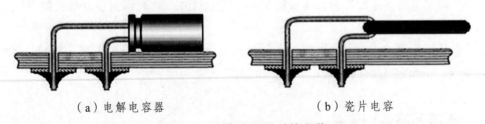

（a）电解电容器　　　　　　　　　（b）瓷片电容

图 1-39　有高度限制时的安装

（6）支架固定安装。安装形式如图 1-40 所示。这种方法适用于重量较大的元件，如小型继电、变压器、阻流圈等，一般用金属支架在印制基板上将元件固定。

图 1-40　支架固定安装

2. 元器件安装注意事项

（1）元器件插好后，其引线的外形处理有弯头的，要根据要求处理好。所有弯脚的弯折方向都应与铜箔走线方向相同，如图 1-41（a）所示。图 1-41（b）所示情况则应根据实际情况处理。

（2）安装二极管时，除注意极性外，还要注意外壳封装，特别是玻璃壳体，其易碎且引线弯曲时易爆裂，在安装时可将引线先绕 1~2 圈再装；对于大电流二极管，有的将引线体当作散热器，故必须根据二极管规格中的要求决定引线的长度，也不宜把引线套上绝缘套管。

（3）为了区别晶体管的电极以及电解电容的正负端，一般在安装时，在引线上套加带有颜色的套管用于区别，如图 1-42 所示。

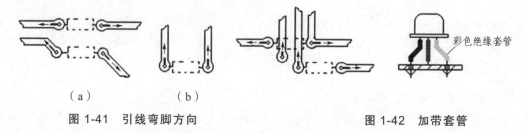

（a）　　　　　（b）

图 1-41　引线弯脚方向　　　　　**图 1-42　加带套管**

（4）大功率晶体管一般不宜装在印制板上。因为它发热量大，易使印制板受热变形。

1.5.3　样　板

样板如图 1-43 所示。

图 1-43　样板

项目二　心形闪光灯指示电路的装接与调试

2.1　半导体元器件的检测与预处理

半导体器件诞生于 20 世纪 50 年代，具有功能多、体积小、重量轻、寿命长、省电和工作可靠等优点，是目前电子产品中运用最广泛的电子器件。半导体器件种类很多，主要有半导体二极管（简称二极管）、双极型晶体管（简称三极管）和场效应晶体管（简称场效应管）。

2.1.1　二极管

1. 半导体器件命名

（1）国产半导体器件的命名方法

半导体器件型号由五个部分组成，前三个部分的符号意义见表 2-1。第四部分是数字表示器件的序号，第五部分是用汉语拼音字母表示规格号。

表 2-1　半导体器件型号的符号及意义

第 1 部分		第 2 部分		第 3 部分			
用数字表示器件的电极数目		用汉语拼音字母表示器件的材料和极性		用汉语拼音字母表示器件的类型			
符号	意义	符号	意义	符号	意义	符号	意义
2	二极管	A	N 型，锗材料	P	普通管	X	低频小功率管（f_α<3MHz，P_c<1 W）
		B	P 型，锗材料	V	微波管	G	高频小功率管（f_α≥3MHz，P_c<1 W）
		C	N 型，硅材料	W	稳压管	D	低频大功率管（f_α<3MHz，P_c≥1 W）
		D	P 型，硅材料	C	参量管	A	高频大功率管（f_α≥3MHz，P_c≥1 W）
3	三极管	A	PNP 型，锗材料	Z	整流器	T	可控硅整流器
		B	NPN 型，锗材料	L	整流堆	Y	体效应器件
		C	PNP 型，硅材料	S	隧道管	B	雪崩管
		D	NPN 型，硅材料	N	阻尼管	J	阶跃恢复管
		E	化合物材料	U	光电器件		
				K	开关管		
				CS	场效应器件	FH	复合管
				BT	半导体特殊器件	PIN	PIN 型管
						JG	激光器件

例如：3DD15D 为 NPN 型硅材料低频大功率三极管，序号为 15，规格为 D。

（2）日本半导体器件的命名方法

日本半导体器件型号由五至七部分组成。前五个部分符号及意义如表 2-2 所示。第六、七部分的符号及意义通常由各公司自行规定。

表 2-2 日本半导体器件的命名方法

第一部分		第二部分		第三部分		第四部分		第五部分	
符号	意义	符号	意义	符号	意义	符号	意义	符号	意义
0	光电二极管或三极管	S	已在日本电子工业协会注册登记的半导体器件	A	PNP 高频晶体管	数字	用两位以上数字表示在日本电子工业协会注册登记的顺序号	A	该器件为原型号的改进产品
				B	PNP 低频晶体管			B	
1	二极管			C	NPN 高频晶体管			C	
				D	NPN 低频晶体管			D	
2	三极管或三个电极的其他器件			E	P 控制极可控硅			E	
				G	N 控制极可控硅			F	
				H	N 单结晶体管				
				J	P 沟道场效应管				
3	四个电极的器件			K	N 沟道场效应管				
				M	双向可控硅				

例如：2SC1815 为 NPN 型高频三极管（简称 C1815）；2SD8201A 为 NPN 型低频三极管，A 表示改进型。

（3）美国半导体器件的命名方法

美国电子工业协会（EIA）规定的半导体器件的命名型号由五部分组成，第一部分为前缀，第五部分为后缀，中间部分为型号的基本部分，如表 2-3 所示。

表 2-3 美国半导体器件的命名方法

第一部分		第二部分		第三部分		第四部分		第五部分	
用符号表示用途		用数字表示 PN 结数目		美国电子工业协会注册标志		美国电子工业协会登记号		用字母表示器件分挡	
符号	意义	符号	意义	符号	意义	符号	意义	符号	意义
JAN 或 J	军用品	1	二极管	N	该器件是在美国电子工业协会注册登记的半导体器件	数字	该器件美国电子工业协会登记号	A B C D	同一型号器件的不同挡别
		2	三极管						
无	非军用品	3	三个 PN 结器件						
		n	n 个 PN 结器件						

例如：1N4001 为硅材料二极管；JAN2N2904 为军用三极管。

（4）欧洲半导体器件型号命名法

欧洲半导体器件一般由四部分组成，见表 2-4。

表 2-4　欧洲半导体器件的命名方法

第一部分		第二部分				第三部分		第四部分	
用字母表示器件的材料		用字母表示器件的类型及主要特性				用数字或字母加数字表示登记号		用字母表示器件分挡	
符号	意义	符号	意义	符号	意义	符号	意义	符号	意义
A	锗材料	A	检波、开关、混频二极管	L	高频大功率三极管封闭磁路中霍尔器件	三位数字	代表通用半导体器件的登记号	A	同型号半导体器件的分挡标志
				M				B	
				P	光敏器件			C	
B	硅材料	B	变容二极管	Q	发光器件			D	
		C	低频小功率三极管	R	小功率可控硅	一个字母二位数字	代表专用半导体器件的登记号	E ⋮	
C	砷化镓			S	小功率开关管				
D	锑化铟	D	低频大功率三极管	T	大功率可控硅				
		E	隧道二极管	U	大功率开关管				
		F	高频小功率三极管	X	倍压二极管				
R	复合材料	G	复合器件及其他器件	Y	整流二极管				
		H		Z	稳压二极管				
		K	磁敏二极管 开放磁路中霍尔器件						

例如：BDX51 表示 NPN 硅低频大功率三极管，AF239S 表示 PNP 锗高频小功率三极管。

2. 二极管的分类

二极管的种类繁多，按采用的材料的不同可分为硅二极管、锗二极管、砷二极管等；按结构的不同又可分为点接触和面接触二极管；按用途分为整流、检波、稳压、阻尼、开关、发光和光敏二极管等；按工作原理分有隧道二极管、变容二极管、雪崩二极管、双基极二极管等。二极管的主要图形符号如图 2-1 所示。二极管的主要特性是单向导电性和非线性。

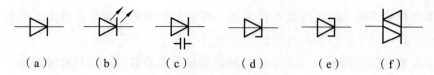

图 2-1 部分二极管图形符号

（a）一般二极管；（b）发光二极管；（c）变容二极管；（d）稳压二极管；（e）隧道二极管；（f）双向二极管

3. 常用二极管

（1）整流二极管。整流二极管是面接触型结构，多采用硅材料制成，体积较大，能承受较大的正向电流和较高的反向电压。但因结电容较大，不宜工作在高频电路中，不能作为检波管使用。

（2）检波二极管。检波二极管是点接触型结构，体积较小。检波二极管的作用是把调制（调幅）在高频电磁波上的低频信号解调下来。检波二极管也可以用于小电流整流。检波二极管多采用玻璃封装或陶瓷封装，以获得良好的高频特性。

（3）开关二极管。开关二极管是利用二极管的单向导电性在电路中对电流进行控制，从而起到"接通"或"关断"作用。开关二极管具有开关速度快、体积小、寿命长等特点。开关二极管多采用玻璃封装或陶瓷封装，以减少管壳电容。

4. 二极管的检测

（1）二极管的极性判别

将万用电表拨在"R×100"或"R×1k"电阻挡上，两只表笔分别接触二极管的两个电极，若测出的电阻约几十、几百欧或几千欧，则黑表笔所接触的电极为二极管的正极（对应 P 区），红表笔所接触的电极为二极管的负极（对应 N 区）。若测出来的电阻约几十千欧至几百千欧，则黑表笔所接触的电极为二极管的负极，红表笔所接触的电极为二极管的正极，如图 2-2 所示。

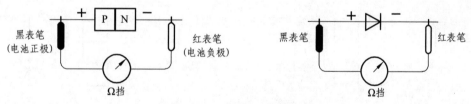

图 2-2 二极管极性判别

对塑料封装整流二极管，靠近色环（通常为白色）的引线为负极。

顺便指出，检测一般小功率二极管的正、负向电阻，不宜使用"R×1"和"R×10k"，前者通过二极管的正向电流较大，可能烧毁管子；后者加在二极管两端的反向电压太高，易将管子击穿。

（2）材料判别

二极管的材料判别通常也可根据锗管的正反向电阻均较小的特点来进行判断，一般硅管的正向电阻为几千欧左右,反向电阻为几百千欧至无穷大,而锗管的正向电阻为一千欧左右,反向电阻为几十千至为几百千欧,甚至更小些。

另外,可用一节干电池(1.5 V)串接被测二极管和一只 1 kΩ 左右的电阻,使二极管正向导通。再用万用表测量二极管两端的管压降,如管压降为 0.6～0.8 V 即为硅管,如管压降为 0.2～0.4 V 则为锗管。

(3)质量类别

二极管的好坏判别,一般是利用二极管的单向导电性,即正向电阻小、反向电阻大的特点进行判别。如果符合正向电阻小、反向电阻大就说明二极管基本上是好的。如果正反向电阻都小,则说明二极管可能已被击穿。如果正反向电阻都大,则说明二极管已经开路。

2.1.2　三极管

1. 三极管的分类

三极管按材料可分为硅管、锗管和化合物材料三极管;按 PN 结类型可分为 PNP 型和 NPN 型;按工作频率可分为低频管和高频管;按用途可分为电压放大管、大功率管、开关管等。

2. 三极管的判别

(1)基极的判别

从三极管的结构可看出,基极与另外两电极之间可看成均为同向二极管(PN 结),如图 2-3 所示。所以基极与另外两极之间的正反向电阻值应基本相同,即用一表笔固定接在基极上(假设),另一表笔分别接在集电极和发射极,其所测得的正向电阻值应都小,而反向电阻值均大。如果测量结果相符,则说明此电极就是基极,否则不是。

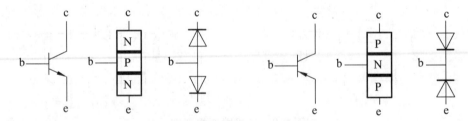

图 2-3　三极管结构示意图

(2)NPN 型与 PNP 型判别

在判别基极时,当基极与另外两极之间的电阻值均小(正向电阻),若此时是黑表笔接基极,三极管为 NPN 型;若此时是红表笔接基极,三极管为则 PNP 型。

(3)集电极(c)与发射极(e)的判别

集电极与发射极的判别可利用三极管的放大原理来进行判别,要求发射结正向偏置,集电结反向偏置。即在判别出管型和基极 b 的基础上,任意假定一个电极为 c 极,另一个电极为 e 极。对于 NPN 型管，先用手捏住（串接人体电阻）管子的 b、c 极（注意不要让电极直接相碰），再将黑表笔接 c 极，红表笔接 e 极，并注意观察万用电表指针向右摆动的幅度，如图 2-4（a）所示。然后使假设的 c、e 极对调，重复上述的测试步骤。比较两次测量中表针向右摆动的幅度，若第一次测量时摆动幅度大，则说明对 c、e 极的假定是符合实际情况的；若第二次测量时摆动幅度大，则说明第二次的假定与实际情况符合。

若需判别的是 PNP 型晶体管，则仍用上述方法，但必须把表笔的极性对调一下，如图 2-4（b）所示。

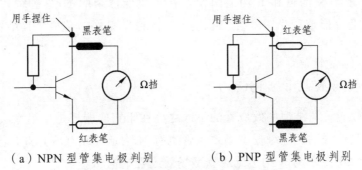

（a）NPN 型管集电极判别　　　　（b）PNP 型管集电极判别

图 2-4　三极管电集极判别示意图

3. 三极管的选用

（1）选用原则。晶体管的正常工作需要一定条件，超过允许条件范围则可能是晶体管不能正常工作，甚至会遭到永久性损坏。因此，选用时应考虑以下各因素：

① 选用的晶体管，切勿使工作时的电压、电流、功率超过手册中规定的极限值，并根据设计原则选取一定的余量，以免烧坏管子。

② 对于大功率管，特别是外延型高频功率管，在使用中发生的二次击穿往往使功率管损坏。为了防止第二次击穿，就必须大大降低管子的使用功率和电压。

③ 选择晶体管的频率，应符合设计电路中的工作频率范围。

④ 根据设计电路的特殊要求，如稳定性、穿透电流、放大倍数等，均应进行合理选择。

（2）三极管使用注意事项

① 焊接时应选用 20～75 W 电烙铁，每个管脚焊接时间应小于 4 s。

② 管子引出线弯曲处离管壳的距离不得小于 2 mm。

③ 大功率管的散热器和管子低部接触应平整光滑，固定的螺钉松紧一致，结合紧密。

④ 管子应安装牢固，避免靠近电路中的发热元件。

2.1.3　场效应管

场效应管是一种电压控制型半导体器件。场效应管具有输入阻抗高、噪声低、热稳定性好、功耗小、抗辐射能力强和便于集成等优点，但容易被静电击穿。

1. 场效应管的分类

按电场对导电沟道的控制方法不同可分为结型场效应管（JFET）和绝缘栅型场效应管（IGFET）；按导电沟道的材料不同可分为 N 型沟道和 P 型沟道两类；按工作方式不同可为耗尽型和增强型；按栅极与半导体间绝缘层所用材料不同可分为 MOS 管、MNS 管等多种。

2. 结型场效应管

结型场效应管有 N 沟道和 P 沟道两种。在一块低掺杂的 N 型基片上的两侧扩散两个高掺杂的 P 型区，形成两个 PN 结，就构成 N 沟道结型场效应管，其结构如图 2-5（a）所示。

3. 绝缘栅型场效应管（MOS）

绝缘栅型场效应管与结型场效应管的不同之处在于它的栅极是从绝缘层上引出的，栅极与源极及漏极是绝缘的，绝缘栅型场效应管也有 N 沟道（NMOS）和 P 沟道（PMOS）两类，如图 2-5（b）所示为 N 沟道绝缘栅型场效应管结构图。

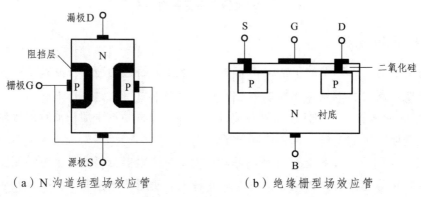

（a）N 沟道结型场效应管　　　　　（b）绝缘栅型场效应管

图 2-5　场效应管结构图

4. 场效应管的判别

1）结型场效应管判别

（1）电极判别

从结型场效应管的结构图可看出，当栅极开路时，漏极（D）源极（S）之间的沟道相当于加一电阻（几百欧姆至几千欧姆），而栅极至漏极和源极均为一 PN 结。所以，可像判断三极管的基极一样进行判断。

方法一：将万用表置于"R×1k"挡，任选两电极，分别测出它们的正反向电阻。若正反向电阻相等（几百欧至几千欧），则该两电极为源极和漏极（结型场效应管的源极和漏极可互换），余下的则为栅极。

方法二：用万用表任选一表笔固定接一电极，另一表笔分别接其余的两电极，并分别测出它们的正反向电阻。若它们正向电阻应都小，而反向电阻都大，则所选的电极为栅极。

（2）放大倍数估测

将万用表置于"R×1k"挡，两表笔分别接在 D 极和 S 极，用手靠近或触及 G 极，观察指针的摆动，摆动越大说明其放大倍数越大。

2）绝缘栅型场效应管判别

由于绝缘栅型场效应管的输入阻抗极高，即二氧化硅的绝缘电阻极高，栅极的静电感应电荷没有泄放回路，而且二氧化硅绝缘层很薄，很容易积累电荷形成高压击穿二氧化硅绝缘层。因此，不能用万用表进行检测，必须用专门的测试仪器测量，并且要求仪器应良好接地，同时要注意在接入仪器后才能去掉各电极的短路线。

5. 场效应管的使用

（1）结型场效应管和一般晶体三极管的使用注意事项相仿，可把 D、G、S 三极比作 C、B、E 三极，而 D、S 极可互换使用。

（2）结型场效应管的栅源电压不能反接，但可以在开路状态下保存。

（3）绝缘栅型场效应管特别注意避免栅极悬空，绝缘栅型（MOS）场效应管在不使用时，必须将各电极引线短路，焊接时应将电烙铁外壳接地。

（4）结型场效应管可用万用表定性检查质量，而绝缘栅型场效应管不允许，用仪器仪表测量时也应有良好的接地措施，同时安装操作时应戴接地手环。

2.2 光电器件

常用的光电器件有光敏电阻、光电二极管、光电三极管、发光二极管和光电耦合器等。

1. 光敏电阻

光敏电阻是应用半导体光电效应原理制成的一种器件。当光敏电阻受到光照时，半导体产生大量载流子，使光敏电阻的电阻率减少；而当光敏电阻无光照射时，光敏电阻呈高阻状态。

光敏电阻的检测：可将万用表置于适当的电阻挡，用表笔接光敏电阻两端，同时改变光照的强弱，并观察指针的摆动。正常指针会随光照的变化而摆动，若指针没有摆动或摆动很小，则说明光敏电阻已损坏。

2. 发光二极管

发光二极管（LED）是一种将电能转化为光能的半导体器件，根据发光类型不同，该器件可分为发出可见光、不可见光、激光等类型。发光二极管具有单向导电性，但导通电压比较大，一般为 1.7 ~ 2.4 V，其检测与普通二极管一样，只是因其正向导通电压较大，因此要用 1 kΩ 或 10 kΩ 挡，如图 2-6 所示发光二极管结构图。

3. 光电二极管

光电二极管又叫光敏二极管,是将光能转换成电能的器件,其构造与普通二极管相似,不同点是在管壳上有入射光窗口。在无光照射时,光电二极管与普通二极管一样具有单向导电性。在有光照射时,其反向电流(加反向电压)与光照强度成正比。

光电二极管的检测:在无光照射时,光电二极管的检测与普通的二极管一样,正向电阻约为 10 kΩ,反向电阻为∞;在有光照射时,光电二极管反向电阻与光照强度成反比。

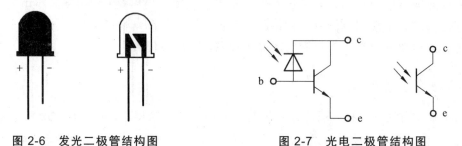

图 2-6　发光二极管结构图　　　　图 2-7　光电二极管结构图

4. 光电三极管

光电三极管是一种相当于在基极和集电极接入光电二极管的三极管,如图 2-7 所示。其检测与光电二极管相似。

5. 光电耦合器

光电耦合器是把发光二极管和光敏三极管组装在一起而成的光电转换器件,如图 2-8 所示。其主要原理是以光为媒介,实现电—光—电的传递与转换。

光电耦合器的检测:在发光二极管两端加上合适的偏置电压,用万用表置于"R×1 kΩ"挡,黑表笔接集电极,红表笔接发射极,并观察指针的摆动,如图 2-9 所示。若指针摆动则说明光电耦合器正常,若指针没有摆动或摆动很小,则光电耦合器已损坏。

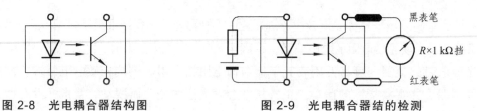

图 2-8　光电耦合器结构图　　　　图 2-9　光电耦合器结的检测

2.3　紧固件连接技术

2.3.1　螺装技术

螺装技术就是用螺钉、螺栓、螺母等紧固件,把各种零部件或元器件连接起来的一种连接方式。该技术属于可拆卸的连接方式，在电子产品的装配中被广泛采用。螺纹连接的优点是连接可靠，装拆方便，可方便地表示出零部件的相对位置。但是应力比较集中，在振动或冲击严重的情况下，螺钉容易松动。

1. 螺 钉

（1）螺钉的结构

图 2-10 所示是电子装配常用的螺钉结构，这些螺钉在结构上分为一字槽与十字槽两种，由于十字槽具有对中性好、安装时螺丝刀不易划出等优点，使用日益广泛。

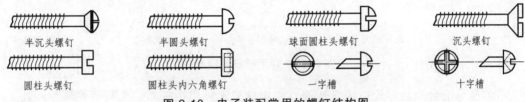

半沉头螺钉　　半圆头螺钉　　球面圆柱头螺钉　　沉头螺钉

圆柱头螺钉　　圆柱头内六角螺钉　　一字槽　　十字槽

图 2-10　电子装配常用的螺钉结构图

当需要连接面平整时，要选用沉头螺钉。选择的沉头大小合适时，可以使螺钉与平面保持等高，并且使连接件较准确定位。

薄铁板与塑料件之间的连接采用自攻螺钉，自攻螺钉的端头要尖锐一些，它的特点是不需要在连接件上攻螺纹。

（2）螺钉的选择

用在一般仪器上的连接螺钉，可以选用镀锌螺钉，用在仪器面板上的连接螺钉，为增加美观和防止生锈，可以选择镀铬或镀镍的螺钉。紧固螺钉由于埋在元件内，所以只需选择经过防锈处理的螺钉即可。对要求导电性能比较高的连接和紧固，可以选用黄铜螺钉或镀银螺钉。

（3）螺钉防松的方法

常用的防止螺钉松动的方法有三种：一是加装垫圈；二是使用双螺母；三是使用防松漆，可以根据具体安装的对象选用。

（4）导电螺钉的使用

作为电气连接用的螺钉，需要考虑螺钉的载流量。这种螺钉一般用黄铜制造，各种规格的螺钉导电能力见表 2-1 所示。

表 2-5　黄铜螺钉的导电能力

电流范围（A）	<5	5~10	10~20	20~50	50~100	100~150	150~300
选用螺钉	M3~M4	M4	M5	M6	M8	M10	M12

2. 螺 母

螺母具有内螺纹，配合螺钉或螺栓紧固零部件。典型的结构如图 2-11 所示，其名称主要是根据螺母的外形命名，规格用 M3、M4、M5 等标识，即 M3 螺母应与 M3 螺钉或螺栓配合使用。

| 六角扁螺母 | 小圆螺母 | 带槽圆螺母 | 盖形螺母 |
| 六角槽形螺母 | 滚花扁螺母 | 蝶形螺母 | 滚花高螺母 | 嵌装圆螺母 |

图 2-11　常用螺母的种类

六角螺母配合六角螺栓应用最普遍。六角槽形螺母用在振动、变载荷等易松动处，配以开口销，防止松动。六角扁螺母在防松装置中用作副螺母，用以承受剪力或用于位置要求紧凑的连接处。蝶形螺母通常用于需经常拆开和受力不大处。小圆螺母多为细牙螺纹，常用于直径较大的连接，一般配用圆螺母止动垫圈，以防止连接松动。六角厚螺母用于常拆卸的连接处。

3. 螺　栓

螺栓是通过与螺母配合进行零部件的紧固，典型的结构如图 2-12 所示。

六角头螺栓　　　　　大半圆头方颈螺栓　　　　　等长双头螺栓

图 2-12　螺栓的结构

六角螺栓用于重要的，装配精度高的以及受较大冲击、振动或变载荷的地方。双头螺栓（柱）多用于被连接件太厚不便使用螺栓连接或因拆卸频繁不宜使用螺钉连接的地方。

4. 垫　圈

垫圈的种类如图 2-13 所示。

| 平垫圈 | 弹簧垫圈 | 内齿弹性垫圈 | 外齿弹性垫圈 | 圆螺母止动垫圈 | 单耳止动垫圈 | 波形弹性垫圈 | 鞍形弹性垫圈 |

图 2-13　垫圈的种类

圆平垫圈衬垫在紧固件下用以增加支撑面并遮盖较大的孔眼以防止损伤零件表面。圆平垫圈和小圆垫圈多用于金属零件上，大圆垫圈多用于需要的零件上。

内齿弹性垫圈用于头部尺寸较小的螺钉头下，可以阻止紧固件松动。外齿弹性垫圈多用于螺栓头和螺母下，可以阻止紧固件松动。圆螺母止动垫圈与圆螺母配合使用，主要用于滚动轴承的固定。单耳止动垫圈允许螺母拧紧在任意位置并加以锁定，用于紧固件靠机件边缘处。

5. 螺栓连接

所谓的螺栓连接就是用螺栓贯穿两个或多个被连接件，保证螺栓的中心轴线与被连接件端面垂直。在螺纹端拧上螺母并紧固时，一般应垫平垫圈和弹簧垫圈，拧紧程度以弹簧垫圈切口被压平为准，如图 2-14 所示，达到机械连接的目的。螺栓连接被连接件不需要内螺纹，结构简单，装拆方便，应用十分广泛。

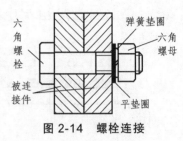

图 2-14 螺栓连接

螺栓紧固后，有效螺纹长度一般不得小于 3 扣，螺纹尾端外露长度一般不得小于 1.5 扣。

6. 螺钉连接

螺钉连接是将螺钉从没有螺纹孔的一端插入，直接拧入被连接件的螺纹孔中，如图 2-15 所示，达到机械连接的目的。螺钉连接一般都需要使用两个以上成组的螺钉，紧固时一定要做到交叉对称，分步拧紧。螺钉连接的被连接件之一需制出螺纹孔，一般用于无法放置螺母的场合。

图 2-15 螺钉连接

在紧固螺钉时，一般应垫平垫圈和弹簧垫圈，拧紧程度以弹簧垫圈切口被压平为准。螺钉紧固后，有效螺纹长度一般不得小于 3 扣，螺纹尾端外露长度一般不得小于 1.5 扣。若是沉头螺钉，紧固后螺钉头部应与被紧固零件的表面保持平整，允许稍低于零件表面，但不得低于 0.2 mm。

7. 双头螺栓连接

双头螺栓连接是将螺栓插入被连接体，两端用螺母固定，达到机械连接的目的。这种连接主要用于厚板零件或需经常拆卸、螺纹孔易损坏的连接场合。

8. 紧定螺钉连接

紧定螺钉连接是将紧定螺钉通过第一个零件的螺纹孔后，顶紧已调整好位置的另一个零件，以固定两个零件的相对位置，达到机械连接防松的目的，如图 2-16 所示。这种连接主要用于各种旋钮和轴柄的固定。

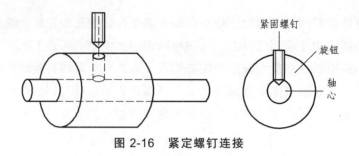

图 2-16　紧定螺钉连接

2.4　心形闪光灯指示电路的设计

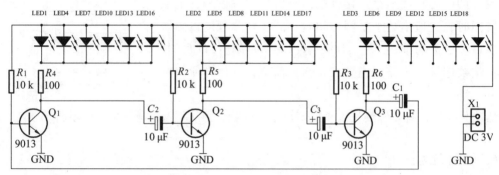

图 2-17　心形闪光灯指示电路

2.5　心形闪光灯指示电路的装接与调试

含有 18 只红色 LED，分成 3 组，排列组成一个心形的图案，并由三极管震荡电路驱动，使红色的心形图案不断地按顺时针方向旋转闪亮，特别是在夜间使用时，极富动感。

如图 2-18 所示，18 只 LED 被分成 3 组，每当电源接通时，3 只三极管会争先导通，但由于元器件存在差异，只会有 1 只三极管最先导通，这里假设 Q1 最先导通，则 LED1 这一组点亮，由于 Q1 导通，其集电极电压下降使得电容 C2 左端下降，接近 0 V，由于电容两端的电压不能突变，因此 Q2 的基极也被拉到近似 0 V，Q2 截止，故接在其集电极的 LED2 这一组灯熄灭。此时 Q2 的高电压通过电容 C3 使 Q3 集电极电压升高，Q3 也将迅速导通，LED3 这一组点亮。因此在这段时间里，Q1、Q3 的集电极均为低电平，LED1 和 LED3 这两组被点亮，LED2 这一组熄灭，但随着电源通过电阻 R2 对 C2 的充电，Q2 的基极电压逐渐升高，当超过 0.7 V 时，Q2 由截止状态变为导通状态，集电极电压下降，LED2 这一组点亮。与此同时，Q2 的集电极下降的电压通过电容 C3 使 Q3 的基极电压也降低，Q3 由导通变为截至，其集电极电压升高，LED3 这一组熄灭。接下来，电路按照上面叙述的过程循环，3 组 18 只 LED 便会被轮流点亮，同一时刻有 2 组共 12 只 LED 被点亮。这些 LED

被交叉排列呈一个心形图案，不断的循环闪烁发光，达到流动显示的效果。

图 2-18　LED 排成心形

焊接组装好的心形循环灯最适合在夜间相对较黑的环境中使用，距离 2 米以外观看效果更加生动、有趣。

项目三 声光控开关的装接与调试

3.1 敏感元器件与声光控开关的设计

方案一：含 555 定时器、光敏三极管、双向可控硅的声光控电路

简要分析其优点：此声光同时控制的新式照明灯用光敏三极管的输出端控制 555 定时器的触发控制端，用音频放大电路控制 555 定时器的复位端。555 定时器接成单稳态触发器，控制双向可控硅，此方案简单易制、成本低、节电又方便。当 555 定时器输出高电平，触发可控硅导通，灯泡亮，当 555 定时器输出低电平时，可控硅未导通，灯泡灭。电路由 10 V 稳压直流电源供电。为使声光同时控制，将光敏三极管的输出端控制 555 定时器的触发复位端，音频放大电路控制 555 定时器的触发端。

缺点：该电路在声强>50 dB 时，对照明灯的有效控制率高于 94%，显得过于敏感。很小的声音也会促使灯发光，会造成能源的浪费。

方案二：运用 YQ-I 制成声光控电

简要分析其优点：电路中的主要元器件使用了数字集成电路 YQ-I，其内部含有 4 个独立的与非门 vd 1 ~ vd4，电路结构简单，工作可靠性高。

方案三：声光控开关 IC CD4011 应用电路

简要分析其优点：其采用集成块 IC CD4011，制作起来成本低，节电又方便。同时，对声音的灵敏度适中，并且原件容易设计。

3.1.1 参考电路（方案三）

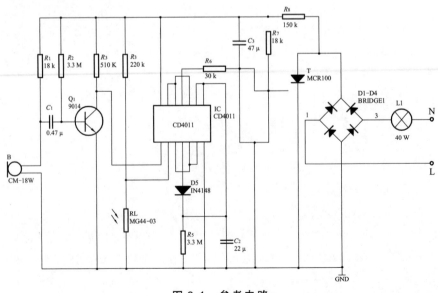

图 3-1 参考电路

3.1.2　参考印制电路板

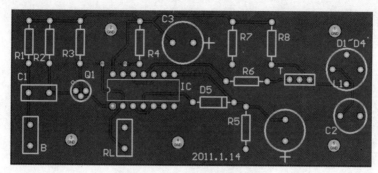

图 3-2　参考印刷电路板

3.2　元器件的检测与预处理

3.2.1　元件清单

表 3-1　元件清单

元件序号	型　号	主要参数	数量	备注
MIC	驻极体电容话筒	CW-18 W	1	
R1	电阻	18 K	1	
R2	电阻	3.3 M	1	
R3	电阻	510 K	1	
R4	电阻	220 K	1	
R5	电阻	3.3 M	1	
R6	电阻	30 K	1	
R7	电阻	18 K	1	
R8	电阻	150 K	1	
RL	光敏电阻	MG44-03	1	
C1	独石电容	0.47 uF/25 V	1	
C2	电解电容	22 uF/25 V	1	
C3	电解电容	47 uF/25 V	1	
CD4011	四输入与非门		1	
D1~D4	二极管	IN4007	1	
VD1	二极管	IN4148	1	
T	单向可控硅	MCR100	2	备用一个
D1	灯泡	40 W	1	
	灯座	220 V 普通灯座	1	
	插头	两项	1	
SP014	三极管		1	

3.2.2　元器件的检测与预处理

CD4011 结构：四个两输入与非门 CMOS 芯片；

逻辑表达式：

$$Y = \overline{A \cdot B}$$

3.3　声光控开关的装接与调试

3.3.1　测试与调试前的准备工作及有关电压测试

（1）灯与控制电路（如图 3-3 所示）一块接上 220 V 电源；

（2）二极管桥整流两端一般为 20 V 左右，否则电路不正常；

（3）CD4011 集成块两端大小应为+5 V 左右，否则电路不正常；

（4）用小块黑布盖住光敏电阻，拍手发声音，使灯亮，再测 C8 两端电压应为 20 V 左右正常，否则不正常。

图 3-3　灯与控制电路实例

3.3.2　灵敏度的调节

（1）盖住光敏电阻，使之不被光照射；

（2）整个电路接上 220 V 交流电源；

（3）延时电路的电容决定了灯亮的时间。

3.3.3　注意事项

（1）将焊好的电路板对照电路图认真核对一遍，不要有错焊、漏焊、短路等现象发生；

（2）通电时人体不允许接触电路板的任一部分防止发生触电，如用万用表检测是将万用表两表笔接触电路板相应处即可。

项目四 "叮咚"门铃的装接与生产

4.1 音乐集成电路与"叮咚"门铃的设计

　　方案一：利用 KD-9300 制成的音乐电子门铃电路如图 4-1 所示，当按下按钮 AN 时，电路被触发，触发信号从门铃集成电路 3 脚输入，门铃集成电路被触发，从 5 脚输出音乐信号，经三极管放大到扬声器发声，扬声器中便发出音乐声，唱完后电路又进入休眠状态。

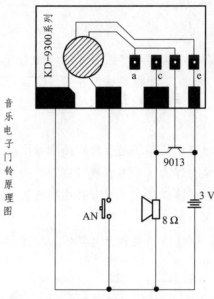

图 4-1 "叮咚"门铃电路图（方案一）

　　方案二：该方案是用 KD-150 或 HFC1500 系列音乐集成电路芯片制作声光门铃的接线图。这类系列芯片主要内储有国内流行歌曲或世界名曲，还包含了"叮—咚"双音模拟声（KD-153H 型）等，品种繁多，可满足不同爱好者需求。该系列音乐集成电路将外接振荡电阻集成在芯片内部，省去了外接电阻器的麻烦，使制作更简单。

4.2 元器件的检测与预处理

表 4-1 各元器配件

序 号	元器件名称	符 号	数 量	备 注
1	语音芯片	KD9300	1	可用 Lx9300 代替
2	门铃按钮	AN1	1	

续表 4-1

序　号	元器件名称	符　号	数　量	备　注
3	三极管	VT	1	8050
4	瓷片电容	$C1$，$C2$	各1个	104，103
5	喇叭	SP1	1	8

4.3　"叮咚"门铃的装接与生产

4.3.1　电路的搭连和焊接

（1）将电烙铁插入插座预热；

（2）焊接时，先将三极管、电容器和导线等元器件插入音乐集成电路相应的管脚内，注意正负极性，不要装错了，然后右手握烙铁，左手拿焊锡丝，将焊锡丝紧贴在待焊的元件处，伸入电烙铁，融化焊锡丝适量后移开电烙铁，等焊锡丝凝固后便会将元器件安装在音乐片上了；

（3）焊接好后用万用表检查相邻脚间是否有短路现象出现，若有应马上排除。然后再用万用表检查各脚与集成片是否焊通，若不通或者虚焊，应马上补焊好；

（4）将音乐集成电路和扬声器焊接在一起，并用导线将集成电路和按钮开关和电源也焊接在一起，同时也要注意正负极性；

（5）在整个焊接完成后，应认真核对各个元器件的位置和参数是否正确，检查有无短路、虚焊、错焊、漏焊等现象。

图 4-2　门铃实物

4.3.2　门铃按钮的安装

（1）连接时先将连接线的一端安装在按键的中间位置，用螺丝固定；

（2）接下来安装导电横杆，导电横杆横在按键的中间，它的一端可以直接用螺丝固定在壳子上；

（3）另外一端安装时，将螺丝连同电源导线的导电头一起安装在横杆上，组成按键的导电部分；

（4）接下来安装弹簧，安装弹簧是要将其安装在壳子的固定销上。

4.3.3　电路的调试

在安装好各个部件后，按动门铃按钮，可以听见叮咚的声音，并且测量电路中的输出电压，它的数值应与理论值大致符合，否则说明电流出现了故障，设法查找出故障并加以排除。

项目五　功率放大器的装接与生产

5.1　功率放大管（集成电路）与功率放大器的设计

　　方案一：用 TDA2030A 构成 OTL 功放电路。OTL 功放采用单电源，有输出耦合电容，其原理图如图 5-1 所示。

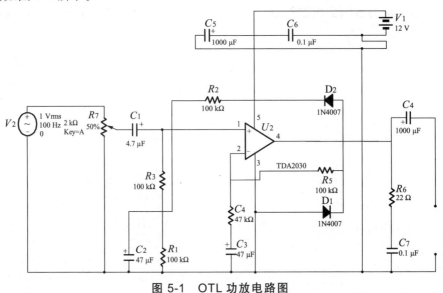

图 5-1　OTL 功放电路图

　　如图 5-1 所示电路中，是以集成电路 TDA2030A 为中心组成的功率放大器，具有失真小、外围原件少、装配简单、功率大、保真度高的特点。电路中 D1、D2 为保护二极管，C5 为滤波电容，C6 为高频退耦电容，RP 为音量调节电位器，IC 即 TDA2030A 是功放集成电路，R1、R2、R3、C2 为功放 IC 输入端的偏置电路，R4、R5、C3 构成负反馈回路，通过改变 R4 大小可以改变反馈系数；C1 为输入耦合电容，C4 为输出耦合电容；在电路接有感性负载扬声器时，R6、C7 可确保高频稳定性。

　　方案二：用 TDA2030A 构成 OCL 功放电路。OCL 功放形式采用双电源，无输出耦合电容。

　　方案三：用 TDA2030A 构成 BTL 音频功率放大电路。

5.2　元器件的检测与预处理

1. 集成运放 TDA2030A

TDA2030A 是一块性能十分优良的功率放大集成电路，其主要特点是上升速率高、瞬态互调失真小，在目前流行的数十种功率放大集成电路中，规定瞬态互调失真指标的仅有包括 TDA2030A 在内的几种。我们知道，瞬态互调失真是决定放大器品质的重要因素，所以，瞬态互调失真小是该集成功放的一个重要优点。

　　TDA2030A 集成电路的另一特点是输出功率大，保护性能以较完善。根据掌握的资料，在各国生产的单片集成电路中，输出功率最大的不过 20 W，而 TDA2030A 的输出功率却能达 18 W，若使用两块电路组成 BTL 电路，输出功率可增至 50 W 左右。另一方面，大功率集成块由于所用电源电压高、输出电流大，在使用中稍有不慎往往致使损坏。然而在 TDA2030A 集成电路中，设计了较为完善的保护电路，一旦输出电流过大或管壳过热，集成块能自动地减流或截止，使电路得到保护（当然这保护是有条件的，我们决不能因为有保护功能而不适当地进行使用）。

2. 扬声器

　　扬声器是本电路中重要的元器件之一。它是一种能将电信号转换为声音或将声音转换为电信号的换能器件，这种器件能完成电能和声能的相互转换。

　　（1）扬声器的种类

　　扬声器种类繁多，但最常用的是动圈式扬声器（又称电动式）。而动圈式扬声器又分为内磁式和外磁式两种，因为外磁式便宜，本款音频功率放大器选用外磁式的扬声器。其组成有：纸盆、折环、音圈、盆架、防尘罩、音调、磁铁、导磁夹板等。

　　（2）扬声器功率、阻抗的选择

　　扬声器在电路图中的符号易于识别。扬声器上一般都标有标称功率和标称阻抗值。本电路中选用了功率为 5 W，阻抗值为 4 Ω 的扬声器。一般认为扬声器的口径大，标称功率也大。在使用时，输入功率最好不要超过标称功率太多，以防损坏。用万用表"R1"电阻挡测试扬声器，若有咯咯声发出说明基本上能用。测出的电阻值是直流电阻值，比标称阻抗值要小，属于正常现象。

3. 电位器

　　通过调节接入电路中的电阻的大小进而调节音频信号电流的大小从而控制音量简单、方便、快捷。所选方案电路中选用的是 2 K 的电位器。

4. 电　容

　　在所选方案电路中，$C5$ 为滤波电容，$C6$ 为高频退耦电容，$C1$ 为输入耦合电容，$C4$ 为输出耦合电容。这些电容为维持电路的稳定、不失真以及提高耦合度起了不可替代的作用。

5.3　功率放大器的装接与生产

　　功放电路在安装时，要重点考虑 TDA2030A 的散热问题，应安装相应的散热片（见图

5-2）。电路在安装无误后接通电源，进行调试。具体调试步骤如下：

（1）调试前，应先调试单元电路，然后系统联调。

（2）前置放大电路的调试。

静态调试：调节电路零点漂移及消除电路自激振荡。

动态调试：加入一定幅度、频率的正弦波，测量相应的输出电压，计算出相应的共模抑制比。

图 5-2　功率放大器实物

（3）有源带通滤波电路的调试。

静态调试：调节电路零点漂移及消除电路自激振荡。

动态调试：加入一定幅度、频率的正弦波，测量相应的输出电压、输出波形及幅频特性，求出带通滤波的通频带。

（4）功率放大电路的调试。

静态调试：将输出端对地短路，观察输出是否为零，有无自激现象。

动态调试：加入 1 kHz 的正弦波，并逐渐加大输出电压幅值直至输出电压的波形出现临街削波时，测量负载 R_L 两端的输出电压值，计算出相应的输出功率。

（5）系统联调。经过以上对各级电路的调试后，就可以对整个系统进行联调。

静态调试：将前置输出端对地短路，观察输出是否为零，有无自激现象。

动态调试：输入 1 kHz 的正弦信号，改变输入信号的幅值，用示波器观察输出电压波形的变化情况，记录输出电压最大不失真幅度所对应的输入电压的变化范围，从而计算出总的电压放大的倍数。

项目六 调光台灯的装接与生产

6.1 晶闸管与调光台灯的设计

晶体闸流管又名可控硅，简称晶闸管。是在晶体管基础上发展起来的一种大功率半导体器件。它的出现使半导体器件由弱电领域扩展到强电领域。晶闸管也像半导体二极管那样具有单向导电性，但它的导通时间是可控的，主要用于整流、逆变、调压及开关等方面。

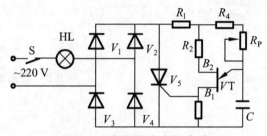

图 6-1 家用调光台灯电路

如图 6-1 所示电路中，V_T、R_1、R_2、R_3、R_4、R_P、C 组成单结晶体管张弛振荡器。接通电源前，电容器 C 上电压为零。接通电源后，电容经由 R_4、R_P 充电，电压 V_E 逐渐升高。当达到峰点电压时，E-B1 间导通，电容上电压向电阻放电。当电容上的电压降到谷点电压时，单结晶体管恢复阻断状态。此后，电容又重新充电，重复上述过程，结果在电容上形成锯齿状电压，在电阻 $R3$ 上则形成脉冲电压。此脉冲电压作为晶闸管 V_5 的触发信号。在 $V_1 \sim V_4$ 桥式整流输出的每一个半波时间内，振荡器产生的第一个脉冲为有效触发信号。调节 R_P 的阻值，可改变触发脉冲的相位，控制晶闸管 V_5 的导通角，调节灯泡亮度。

6.2 元器件的检测与预处理

6.2.1 单向晶闸管的结构与符号

晶体闸流管又名可控硅，简称晶闸管。是在晶体管基础上发展起来的一种大功率半导体器件。它的出现使半导体器件由弱电领域扩展到强电领域。晶闸管也像半导体二极管那样具有单向导电性，但它的导通时间是可控的，主要用于整流、逆变、调压及开关等方面。

晶闸管外形如图 6-2 所示，有小型塑封型（小功率）、平面型（中功率）和螺栓型（中、大功率）几种。单向晶闸管的内部结构如图 6-3（a）所示，它是由 PNPN 四层半导体材料构成的三端半导体器件，三个引出端分别为阳极 A、阴极 K 和门极 G。单向晶闸管的阳极与阴极之间具有单向导电的性能，其内部可以等效为由一只 PNP 三极管和一只 NPN 三极管组成的复合管，如图 6-3（b）所示。图 6-3（c）是其电路图形符号。

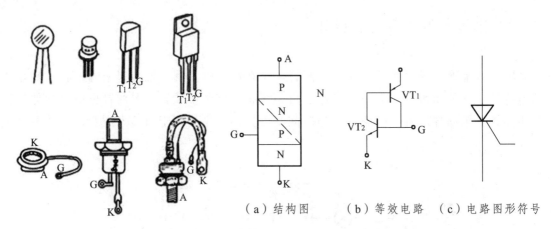

图 6-2　晶闸管外形

（a）结构图　　　（b）等效电路　　（c）电路图形符号

图 6-3　普通晶闸管

6.2.2　元器件清单

表 6-1　元器件清单

元　件	名称规格	数量
$V1 \sim V4$	二极管 IN4007	4
$V5$	晶闸管 3CT	1
V_T	单结晶体管 BT33	1
$R1$	电阻器 51 kΩ	1
$R2$	电阻器 300 Ω	1
$R3$	电阻器 100 Ω	1
$R4$	电阻器 18 kΩ	1
Rp	带开关电位 470 kΩ 器	1
C	涤纶电容器 0.022 μF	1
HL	灯泡 220 V、25 W	1
	灯　座	1
	电源线	1
	导　线	若干
	印制板	1

6.3 调光台灯的装接与生产

6.3.1 装 接

（1）有极性的元器件二极管、晶闸管、单结晶体管等在安装时要注意极性，切勿装错。

（2）所有元器件尽量贴近线路板安装。

（3）带开关电位器要用螺母固定在印制板开关孔上，电位器用导线连接到线路板的所在位置。

（4）印制板四周用螺母固定支撑。

图 6-4 调光台灯实物

6.3.2 调 试

（1）检查电路连接是否正确，确保无误后方可接上灯泡，开始调试。调试过程中应注意安全，防止触电；

（2）接通电源，打开开关，旋转电位器手柄，观察灯泡亮度变化；

（3）在下面几种情况下测量电路中各点电压，并填入表 6-2 中。

表 6-2 测量电路各点电压

灯泡状态	元器件各点电压						断开交流电源，电位器的电阻值
	V_5			V_T			
	V_A	V_K	V_G	V_{B1}	V_{B2}	V_E	
灯泡最亮时							
灯泡微亮时							
灯泡不亮时							

项目七　无线电遥控器的装接与生产

7.1　无线电信号与遥控器的设计

"无线遥控器"顾名思义，就是一种用来远程控制机器的装置。现代的遥控器主要是由集成电路板和用来产生不同讯息的按钮所组成。

时至今日，无线遥控器已经在生活中得到了越来越多的应用，给人们带来了极大的便利。随着科技的进步无线遥控器也扩展出了许多种类，简单来说常见的有两种，一种是家电常用的红外遥控模式（IR Remote Control），另一种是防盗报警设备、门窗遥控、汽车遥控等等常用的无线电遥控模式（RF Remote Control）。

传统的遥控器大多数采用了无线电遥控技术，但是随着科技的进步以及红外线遥控技术的成熟，红外遥控器也成为了一种被广泛应用的通信和遥控手段。继彩电、录像机之后，在录音机、音响设备、空调机以及玩具等其他小型电器装置上也纷纷采用红外线遥控。工业设备中，在高压、辐射、有毒气体、粉尘等环境下，采用红外线遥控不仅完全可靠而且能有效地隔离电气干扰。由于红外线抗干扰能力强，且不会对周围的无线电设备产生干扰电波，同时红外发射接收范围窄，安全性较高。红外遥控虽然被广泛应用，但各厂商的遥控器不能相互兼容。当今市场上的红外线遥控装置一般采用专用的遥控编码及解码集成电路，其灵活性较低，应用范围有限。如果采用单片机进行遥控系统的应用设计，遥控装置将同时具有编程灵活、控制范围广、体积小、功耗低、功能强、成本低、可靠性高等特点，因此采用单片机的红外遥控技术具有广阔的发展前景。

方案一：红外遥控器

家用红外遥控器红外遥控器（IR Remote Control）是利用波长为 $0.76 \sim 1.5 \, \mu m$ 之间的近红外线来传送控制信号的遥控设备。常用的红外遥控系统一般分发射和接收两个部分。

发射部分的主要元件为红外发光二极管。它实际上是一只特殊的发光二极管，由于其内部材料不同于普通发光二极管，因而在其两端施加一定电压时，它便发出的是红外线而不是可见光。目前大量使用的红外发光二极管发出的红外线波长为 940 nm 左右，外形与普通发光二极管相同，只是颜色不同。

接收部分的主要元件为红外接收二极管，一般有圆形和方形两种。在实际应用中要给红外接收二极管加反向偏压，它才能正常工作，亦即红外接收二极管在电路中应用时采用反向运用，这样才能获得较高的灵敏度。由于红外发光二极管的发射功率一般都较小（100 mW 左右），所以红外接收二极管接收到的信号比较微弱，因此就要增加高增益放大电路，最近几年大多都采用成品红外接收头。成品红外接收头的封装大致有两种：一种采用铁皮屏蔽；一种是塑料封装。均有三只引脚，即电源正（V_{DD}）、电源负（GND）和数据输出（V_{OUT}）。红外接收头的引脚排列因型号不同而不尽相同，可参考厂家的使用说明。成品红外接收头的优点是不需要复杂的调试和外壳屏蔽，使用起来如同一只三极管，非常方便。但在使用时注意成品红外接收头的载波频率。

　　红外遥控常用的载波频率为 38 kHz，这是由发射端所使用的 455 kHz 晶振来决定的。在发射端要对晶振进行整数分频，分频系数一般取 12，所以 455 kHz ÷ 12 ≈ 37.9 kHz ≈ 38 kHz。也有一些遥控系统采用 36 kHz、40 kHz、56 kHz 等，一般由发射端晶振的振荡频率来决定。

　　红外遥控的特点是不影响周边环境、不干扰其他电器设备。由于其无法穿透墙壁，故不同房间的家用电器可使用通用的遥控器而不会产生相互干扰；其电路调试简单，只要按给定电路连接无误，一般不需任何调试即可投入工作；编解码容易，可进行多路遥控。因此，现在红外遥控在家用电器、室内近距离（小于 10 米）遥控中得到了广泛的应用。

　　方案二：无线电遥控器

　　发射与接收控制器模块无线电遥控器（RF Remote Control）是利用无线电信号对远方的各种机构进行控制的遥控设备。这些信号被远方的接收设备接收后，可以指令或驱动其他各种相应的机械或者电子设备，去完成各种操作，如闭合电路、移动手柄、开动电机等，之后再由这些机械进行需要的操作。作为一种与红外遥控器相补充的遥控器种类，在车库门、电动门、道闸遥控控制，防盗报警器，工业控制以及无线智能家居领域得到了广泛的应用。常用的无线电遥控系统一般分发射和接收两个部分。

　　发射部分一般分为两种类型，即遥控器与发射模块，遥控器和遥控模块是对于使用方式来说的，遥控器可以当一个整机来独立使用，对外引出线有接线桩头；而遥控模块在电路中当一个元件来使用，根据其引脚定义进行应用，使用遥控模块的优势在于可以和应用电路天衣无缝的连接、体积小、价格低、物尽其用，但使用者必须真正懂得电路原理，否则还是用遥控器来得方便。

　　接收部分一般来说也分为两种类型，即超外差与超再生接收方式。超再生解调电路也称超再生检波电路，它实际上是工作在间歇振荡状态下的再生检波电路。超外差式解调电路与超外差收音机相同，它是设置一振荡电路产生振荡信号，与接收到的载频信号混频后，得到中频（一般为 465 kHz）信号，经中频放大和检波，解调出数据信号。由于载频频率是固定的，所以其电路要比收音机简单一些。超外差式的接收器稳定、灵敏度高、抗干扰能力也相对较好；超再生式接收器体积小、价格便宜。无线电遥控常用的载波频率为315 mHz 或者 433 mHz，遥控器使用的是国家规定的开放频段，在这一频段内，发射功率小于 10 mW、覆盖范围小于 100 m 或不超过本单位范围的，可以不必经过"无线电管理委员会"审批而自由使用。我国的开放频段规定为 315 mHz，而欧美等国家规定为 433 mHz，所以出口到上述国家的产品应使用 433 mHz 的遥控器。

　　无线电遥控器与红外遥控器的区别（The difference between IR and RF Remote Control）：红外遥控和无线遥控是对不同的载波来说的，红外遥控器是用红外线来传送控制信号的，它的特点是有方向性、不能有阻挡、距离一般不超过 7 米、不受电磁干扰等，电视机遥控器就是红外遥控器；无线电遥控器是用无线电波来传送控制信号的，它的特点是无方向性、可以不"面对面"控制、距离远（可达数十米，甚至数公里）、容易受电磁干扰。

7.1.1　发射板原理图（方案二）

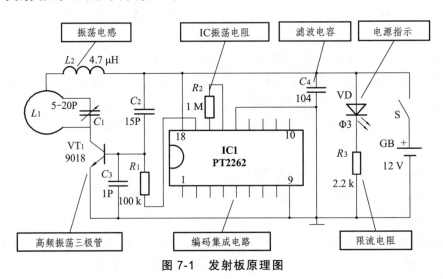

图 7-1　发射板原理图

7.1.2 接收板原理图（方案二）

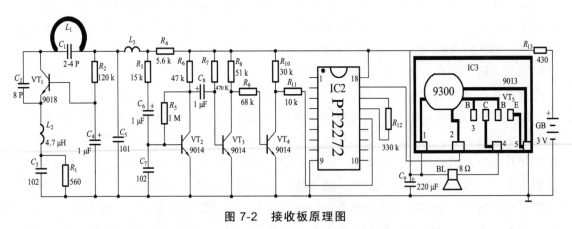

图 7-2　接收板原理图

7.2　元器件的检测与预处理

7.2.1　2262/2272-L4 器件特点（见图 7-3，图 7-4）

（1）CMOS 工艺制造，低功耗；

（2）外部元器件少；

（3）RC 振荡电阻；

（4）工作电压范围宽：2.4 ~ 15 V；

（5）数据最多可达 6 位；

（6）地址码最多可达 531441 种。

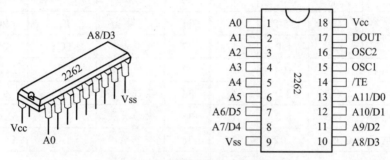

图 7-3　发射器 2262 外形与引脚

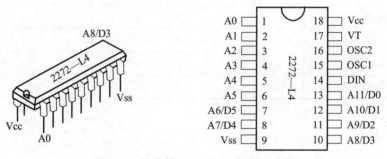

图 7-4　接收器 2272-L4 外形和引脚

7.3　无线电遥控器的装接与生产

7.3.1　元器件清单

表 7-1　元器件清单

序号	名称	序号	规格	数量	序号	名称	序号	规格	数量
1	电阻	R_1	100 K	1	6	电阻	R_6	1.5 K	1
2	电阻	R_2/R_3	1 M	2	7	电阻	R_7	5.6 K	1
3	电阻	R_3	2.2 K	1	8	电阻	R_9	47 K	1
4	电阻	R_4	560	1	9	电阻	R_{10}	470 K	1
5	电阻	R_5	120 K	1	10	电阻	R_{11}	51 K	1

续表 7-1

序号	名称	序号	规格	数量	序号	名称	序号	规格	数量
11	电阻	R_{12}	68 K	1	27	电感	L_1、L_3、L_5	印制天线	3
12	电阻	R_{13}	30 K	1	28	发光二极管	V_D	φ红色	1
13	电阻	R_{14}	10 K	1	29	三极管	V_{T1}、V_{T2}	9018	2
14	电阻	R_{15}	330 K	1	30	三极管	V_{T3}、V_{T5}	9014	3
15	瓷片电容	C_2	15 P	1	31	三极管	V_{T6}	9013	1
16	瓷片电容	C_3	1 P	1	32	集成电路	TC1	2262	1
17	瓷片电容	C_4	104	2	33	集成电路	TC2	2272-L4	1
18	瓷片电容	C_5	8 P	1	34	集成电路	TC3	9300	1
19	瓷片电容	C_6	5 P	1	35	微动开关		6X6X8H	1
20	瓷片电容	C_7/C_{11}	102	2	36	喇叭	BL	8 Ω、0.5 W	1
21	瓷片电容	C_9	101	1	37	导线			4
22	瓷片电容	C_{14}	103	1	38	外壳、泡沫		发射、接收	各 1
23	电解电容	C_8、C_{12}	1 u	2	39	电池片		正极、负极	5
24	电解电容	C_{13}	220 u	1	40	自攻螺丝		ST2.5×10	3
25	微调电容	C_1	4～27 P	1	41	线路板		40×28	2
26	色码电感	L_2、L_4	4.7 uH	2	42	说明书			1

7.3.2　装　接

（1）元器件的装插焊接应遵循先小后大、先轻后重、先低后高、先里后外的原则，这样有利于装配顺利进行。

图 7-5　元件配件实物

（2）在瓷片电容、电解电容及三极管等元件正式安装时，引线不能太长，否则会降低元器件的稳定性；但也不能过短，以免焊接时因过热损坏元器件。一般要求距离电路板面2 mm，并且要注意电解电容的正负极性，不能插错。

（3）集成电路的焊接：2262为双列18脚扁平式封装，在焊接时，首先要弄清引线脚的排列顺序，并与线路板上的焊盘引脚对准，核对无误后，先焊接1、18脚用于固定IC，然后再重复检查，确认后再焊接其余脚位。由于IC引线脚较密，焊接完后要检查有无虚焊、连焊等现象，确保焊接质量。

（4）元件的腿尽量要直，而且不要伸出太长，以1毫米为好，多余的可以剪掉。

7.3.3　发射调整

装上12 V电池，用万用表测发射电流（电流表跨接在S两端），应在3～8 mA，若用手触摸 $C1$ 两端时电流应大幅升高，说明已起振。也可以借助示波器进行调整，将频道开关置于UHF段的低端13～15频道段，接通发射机的开关S，用无感起子调节 $C1$ 直到示波器上出现黑白相间的细横条纹，这说明发射机已经调好了。

7.3.4　接收调整

装上2节5号电池，测量接收整机电流小于1 mA，按下发射机开关S不放，将发射机放在待调的接收机附近，用无感起子微调 L_3，如果调到某点，门铃发出声音，就说明接收机和发射机的频率大致相同；反复微调 L_3 直到距离最远即可。

项目八　超外差式收音机的装接与生产

8.1　解调与超外差式收音机的设计

8.1.1　检波器

通常把从已调波中取出音频信号的过程叫解调。检波器的作用是把所需要的音频信号从高频调幅波中"检出来"，送入低频放大器中进行放大，而把已完成运载信号任务的载波信号滤掉。图 8-1 中，V_4 是检波管，由 V_8、R_9、C_8 组成"Π"型低通滤波器。

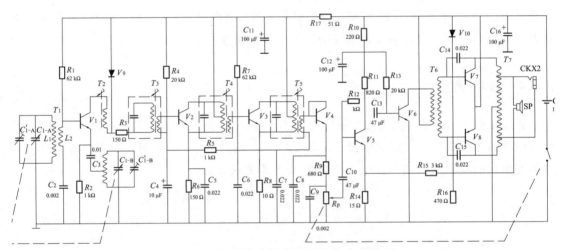

图 8-1　超外差式调幅收音机参考电路图

8.2　元器件的检测与预处理

8.2.1　元器件及材料清点

X-118 型超外差式调幅收音机的元器件清单如表 8-1 所示。

表 8-1　X-118 型超外差式调幅收音机元器件明细表

序号	编号	规格	序号	编号	规格	序号	编号	规格
1	R_1	62 kΩ	3	R_3	150 Ω	5	R_5	1 kΩ
2	R_2	1 kΩ	4	R_4	20 kΩ	6	R_6	150 Ω

续表 8-1

序号	编号	规格	序号	编号	规格	序号	编号	规格
7	R_7	62 kΩ	23	C_6	0.022 μF	39	V_6	3DG201
8	R_8	10 Ω	24	C_7	0.022 μF	40	V_7	9012
9	R_9	680 Ω	25	C_8	0.022 μF	41	V_8	9012
10	R_{10}	220 Ω	26	C_9	0.002 μF	42	V_9	2AP9
11	R_{11}	820 Ω	27	C_{10}	47 μF	43	V_{10}	1N4148
12	R_{12}	15 kΩ	28	C_{11}	100 μF	44	RP	4.7 kΩ
13	R_{13}	20 kΩ	29	C_{12}	100 μF	45	B	8 Ω
14	R_{14}	15 Ω	30	C_{13}	47 μF	46	T_1	天线线圈
15	R_{15}	3 kΩ	31	C_{14}	0.022 μF	47	T_2	本振线圈
16	R_{16}	470 Ω	32	C_{15}	0.022 μF	48	T_3	中周
17	R_{17}	51 Ω	33	C_{16}	100 μF	49	T_4	中周
18	C_1	双联电容	34	V_1	3DG201	50	T_5	中周
19	C_2	0.002 μF	35	V_2	3DG201	51	T_6	音频输入变压器
20	C_3	0.01 μF	36	V_3	3DG201	52	T_7	音频输出变压器
21	C_4	10 μF	37	V_4	3DG201	53	XS	
22	C_5	0.022 μF	38	V_5	3DG201			

8.2.2 元器件及材料检测

1. 外观检测

外观检验就是检验元器件及材料表面有无损伤，几何尺寸是否符合要求，型号规格是否与工艺文件要求相符。

2. 用万用表检测

用万用表检测电阻、电位器、电容、晶体管、变压器，并判明晶体管的极性。

3. 引脚上锡及成型

注意三极管的成型。

4. 印制电路板的装配

按照收音机"工艺说明及简图"工艺文件中给出的印制板及元器件分布图作如下的操作：

（1）元器件安装过程：元器件成型→元器件插装→元器件引脚焊接。

（2）元器件安装顺序：按从小到大，从低到高的顺序进行装配。例如，电阻器→二极管→瓷介电容器→三极管→电解电容器→中频变压器→入/出变压器→双联电容器和音量开关电位器。

8.3　收音机的调试生产

8.3.1　静态调试

1. 直流电流测量与调试

（1）将 500 A 型万用表置于直流电流挡（1 mA 或 10 mA）；

（2）对收音机各级电路的直流电流进行测量；

（3）具体测试点（以测量第 2 级中放的电流为例）如图 8-2 所示；

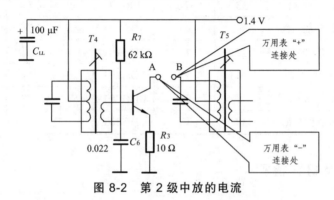

图 8-2　第 2 级中放的电流

（4）如果测试的电流在规定的范围内，则应该将印制电路板与原理图 A、B 处相对应的开口连接起来；

（5）各单元电路都有一定的电流值，如该电流值不在规定的范围内，可改变相应的偏置电阻，具体电流值与参数调整如表 8-2 所示。

表 8-1　X118 型超外差式收音机单元电路的电流值

测试电路	混频器（V_1）	中放 1（V_2）	中放 2（V_3）	低放（6）	功放 4（V_7、V_8）
电流值（mA）	0.18～0.22	0.4～0.8	1～2	2～4	4～10
参数调整	*R_1	*R_4	*R_7	*R_{11}	*R_{17}

2. 直流电压测量与调试

（1）将 500 A 型万用表置于直流电压（1 V 或 10 V）挡；

（2）对收音机各级电路的直流电压进行测量；

（3）具体测量点（以测量第 2 中放级的电压为例）如图 8-3 所示。

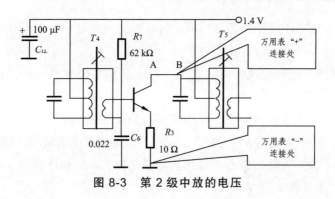

图 8-3 第 2 级中放的电压

8.3.2 动态调试

动态调试是针对交流小信号而言的，若用万用表来测试就显得十分困难。为了使 X-118 型超外差式收音机的各项指标达到要求，要用到专用设备对如下内容进行调试。

1. 中频频率调整

① 如图 8-4 所示，将示波器、毫伏表、高频信号发生器进行连接；

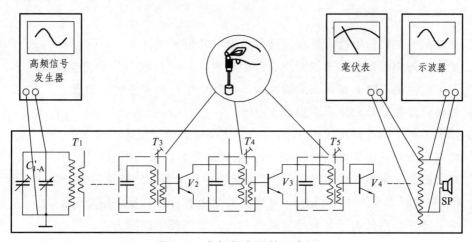

图 8-4 中频频率调整示意图

② 将所连接的设备调节到相应的量程；

③ 把收音部分本振电路短路，使电路停振，避去干扰，也可以把双联可变电容器置于无电台广播又无其他干扰的位置上；

④ 调节"高频信号发生器"输出频率为 465 kHz、调制度为 30% 的调幅信号；

⑤ 由小到大缓慢地改变"高频信号发生器"的输出幅度，使扬声器里能刚好听到信号的声音即可；

⑥ 用无感起子首先调节中频变压器 T_5，使听到信号的声音最大，毫伏表中的信号指示最大；

⑦ 然后再分别调节中频变压器 T_4、T_3，同样需使扬声器中发出的声音最大，毫伏表中的信号指示最大。

若中频变压器谐振频率偏离较大，在 465 kHz 的调幅信号输入后，扬声器仍没有低频输出时可采取如下方法：

① 左右调节信号发生器的频率，使扬声器出现低频输出。

② 找出谐振点后，再把"高频信号发生器"的频率逐步地向 465 kHz 位置靠近。

③ 同时调整中频变压器的磁心，直到其频率调准在 465 kHz 位置上。这样调整后，还要减小输入信号，再细调一遍。

对于中频变压器已调乱的中频频率的调整方法如下：

① 将 465 kHz 的调幅信号由第 2 中放管的基极输入，调节中频变压器 T_5，使扬声器中发出的声音最大，晶体管毫伏表中的信号指示最大。

② 将 465 kHz 的调幅信号由第 1 中放管的基极输入，调节中频变压器 T_4，使声音和信号指示最大。

③ 将 465 kHz 的调幅信号由变频管的基极输入，调节中频变压器 T_3，同样使声音和信号指示都最大。

2. 频率覆盖调整

① 把输出的调幅信号接入具有开缝屏蔽管的环形天线；

② 天线与被测收音机部分的天线磁棒距离为 0.6 m，仪器与收音机连接如图 8-5 所示；

③ 通电后，把双联电容器全部旋入时，指针应指在刻度盘的起始点；

④ 然后将高频信号发生器调到 515 kHz；

⑤ 用无感起子调整振荡线圈 T_2 的磁心，使毫伏表的读数达到最大；

⑥ 将高频信号发生器调到 1 640 kHz，把双联电容器全部旋出；

⑦ 用无感起子调整并联在振荡线圈 T_2 上的补偿电容，使毫伏表的读数达到最大；如果收音部分高频频率高于 1 640 kHz，可增大补偿电容容量；反之则降低；

⑧ 用上述方法由低端到高端反复调整几次，直到频率调准为止。

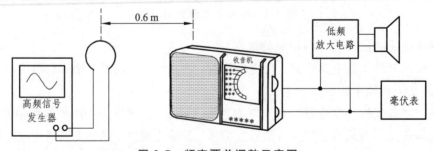

图 8-5　频率覆盖调整示意图

3. 收音机统调

① 调节高频信号发生器的频率，使环形天线送出 600 kHz 的高频信号；

② 将收音部分的双联调到使指针在度盘 600 kHz 的位置上；

③ 改变磁棒上输入线圈的位置，使毫伏表读数最大；

④ 再将高频信号发生器频率调到 1 500 kHz；

⑤ 将双联调到使指针在度盘 1 500 kHz 的位置上；

⑥ 调节天线回路中的补偿电容，使毫伏表读数最大；

⑦ 如此反复多次，直到调准为止。

项目九　收录机的装接与生产

9.1　录音机机芯的使用与收录机的设计

机芯的功能是驱动磁带进行各种走带运动及变换控制，机芯的结构如图 9-1 所示。

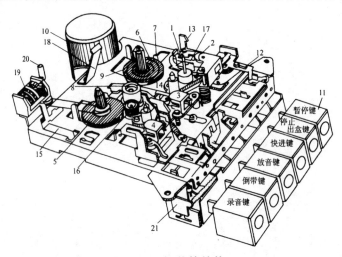

图 9-1　机芯的结构

1—主导轴；2—压带轮；3—录放磁头；4—抹音磁头；5—供带盘；6—收带盘（也叫卷带盘）；7—收带小轴；
8—收卷轴；9—抽带器；10—电机；11—直键开关；12—自停机构；13—取盒机构；14—定位钉；
15—防误抹机构；16—倒带轮；17—暂停机构；18—磁带盒压片；19—计数器；
20—计数器复位按钮；21—功能操作机构

机芯的各功能部件：

1. 动力装置

机芯的动力源是低压直流电动机。这种直流电机体积小，含有稳速装置。

2. 主导机构

其作用是牵引磁带以恒定的速度通过磁头，即产生录放时的恒速走带运动。主导机构由主导轴、压带轮及紧固在主导轴下端的飞轮构成。

3. 快速进带、倒带机构

用来完成磁带的快进和倒带运动。它包括变换机构、换向机构及供收带机构。

4. 制动机构

俗称刹车装置，其作用是当磁带从运动状态转换为停止状态，以及磁带从一种运动状态转换为另一种运动状态时，能在很短的时间内实现对供收带盘的制动，做到既不产生抛带现象，又不使磁带因拉得太紧而产生变形或伸长。

5. 控制机构

也称操作机构，它的作用是操纵机芯变换各种工作状态。常用的控制功能有放音、录音、倒带、快进、暂停、停止、出盒等。控制机构由组合为一体并能相互联锁的键式开关组成。

6. 附属机构

是完成辅助功能的机构，包括防误抹、暂停、自停、取盒、磁带计数等机构。

9.1.1 录音输入电路

录音输入的典型电路如图 9-2 所示。

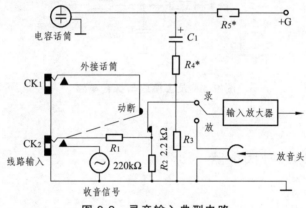

图 9-2　录音输入典型电路

9.1.2 自动电平控制（ALC）电路

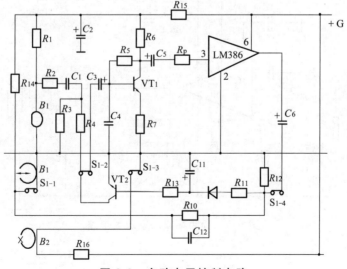

图 9-3　自动电平控制电路

9.1.3　录音偏磁与抹音电路

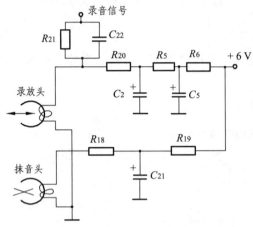

图 9-4　录音偏磁与抹音电路

9.1.4　音频集成功率放大电路

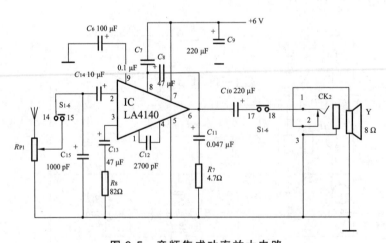

图 9-5　音频集成功率放大电路

9.1.5　电信盒式收录机录放电路

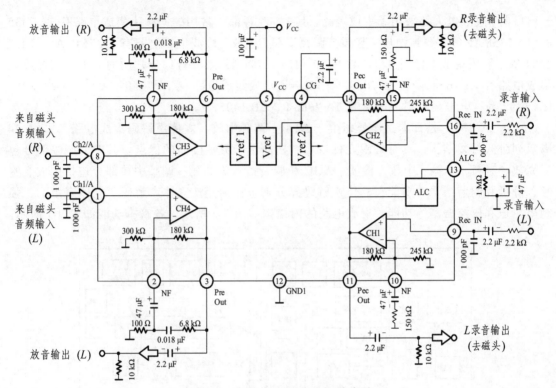

图 9-6　电信盒式收录机录放电路

9.2　元器件的检测与预处理

9.2.1　磁　头

铁心多采用坡莫合金、铁氧体、铁硅铝等高磁导材料制成。铁心被前后两个缝隙分割成两个对称部分。其中，铁心后缝隙的作用是为了录音时不易将铁心磁化到饱和程度。为了防止干扰，磁头铁心都装在磁性材料制成的屏蔽中，并且磁头正面经过研磨抛光处理。线圈绕在磁头铁心上，其作用是进行电磁信号和磁电信号的转换，导带叉固定在磁头外壳上，其作用是保证磁带行走时与磁头工作缝隙相吻合。

如图 9-7 所示，展示了各类磁头的外形。

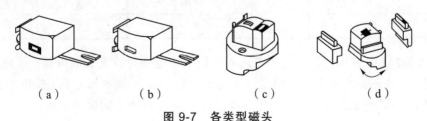

（a）　　　　　　（b）　　　　　　（c）　　　　　　（d）

图 9-7　各类型磁头

9.2.2　集成电路

目前，收录机大都采用了集成电路。其中，收音部分常用的调频头集成电路有 TA 7335 P、TA 7358 AP 等；调频中放、鉴频与调幅变频、中放、检波集成电路有 TA 7640 AP、ULN 2204 等；解码集成电路有 TA 7343 P/AP、HA 1127 等；录放音部分常用的双声道前置放大集成电路有 TA 7668 AP、TA 7658 等；双声道功放集成电路有 TA 7240 P/AP、TA 7232 P、HA 1392 等；电平显示集成电路有 TA 7666 P、LB 1405 等。

（1）LA 1810 是日本三洋公司生产的调幅/调频中放、立体声解码集成电路，采用 24 脚双列卧式封装结构，具有外围元件少、结构简单、灵敏度高的优点。其中，调幅部分包括高放、混频、本振、中放、检波、AGC 和调谐指示等功能；调频中放部分包括中放、鉴频、静噪和调谐指示等功能；立体声解码部分则包括锁相环立体声解码、立体声指示、强制单声道和压控振荡等功能。集成电路的内结构如图 9-8 所示，各管脚功能如表 9-1 所示。

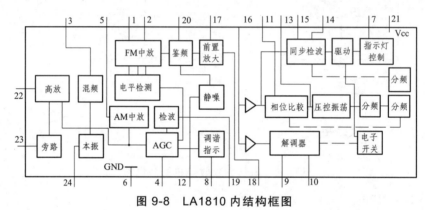

图 9-8　LA1810 内结构框图

表 9-1　LA 180 各管脚功能

管　脚	功　能	管　脚	功　能	管　脚	功　能
①	FM 中放输入	⑨	L 声道输出	⑰	鉴频输出
②	高频地	⑩	R 声道输出	⑱	前置输入
③	AM 混频输出	⑪	AM/FM 选择	⑲	AM 检波输出
④	AGC 滤波	⑫	静噪	⑳	鉴频线圈
⑤	AM 中放输入	⑬	VCO 控制	㉑	电源
⑥	地	⑭	单声/立体声控制	㉒	AM 天线线圈
⑦	立体声指示	⑮	低通滤波	㉓	高频地
⑧	调谐指示	⑯	解码输入	㉔	AM 本振

（2）KA 22241 是韩国三星公司生产的录放机双声道前置放大集成电路，采用 9 脚单列直插封装结构，内部设置有双声道前置放大器和 ALC 电路，具有增益高、输出大、失真小、噪声低等优点，集成电路的内结构如图 9-9 所示，各管脚功能如表 9-2 所示。可代换集成电路有 BA 3308、LA 3225/6 N、M 51544 L 等。

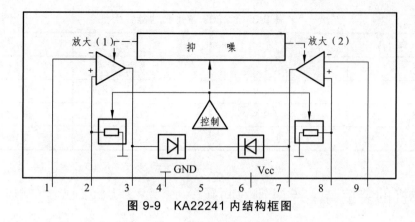

图 9-9　KA22241 内结构框图

表 9-2　KA22241 各管脚功能

管　脚	功　能	管　脚	功　能
①	反馈输入（1）	⑥	电源
②	输入（1）	⑦	输出（2）
③	输出（1）	⑧	输入（2）
④	地	⑨	反馈输入（2）
⑤	ALC		

（3）KA 2209 是韩国三星公司生产的双声道功率放大集成电路，采用 8 脚双列卧式封装结构，其外围电路简单，可在 1.8～9 V 范围内工作，且在 VCC = 6 V，RL = 4 Ω，THD = 10%的条件下，立体声每声道的输出功率可达 0.65 W。集成电路的内结构如图 9-10 所示，各管脚的功能如表 9-3 所示，可代替集成电路有 TDA 2822 M、D 2822 M、TDA 2820 M、XG 2822 M、TB 2822 M 等。

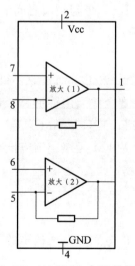

图 9-10　KA2209 内结构框图

表 9-3　K2209 各管脚功能

管　脚	功　能	管　脚	功　能
①	输出（1）	⑤	反馈输入（2）
②	电源（1）	⑥	输入（2）
③	输出（2）	⑦	输入（1）
④	地	⑧	反馈输入（2）

9.3　收录机的装接与生产遇到的问题

1. 通电完全无声

其故障发生在公用电路部分，即电源供电和功率放大电路。应先检查电源电路，再检查功率放大电路。

2. 放音无声

放音无声是指收音正常而磁带放音无声。由于收音正常，可判定电源电路和功放电路正常，故障应出在磁带放音前置放大器或机芯驱动机构内。

3. 录音无声

录音无声是指用有声磁带放音正常而录不上声音，故障应出在录音电路的独立部分。若只是收音录音无声，故障应出在收音电路输出信号与录放前置放大器输入端之间的信号通道，若只是机内话筒录音无声，则应着重检查机内话筒及其附属电路，以及话筒信号与录音前置放大器之间的信号通道；若两种状态录音均无声，则应着重检查录音放大器的工作状态，以及 ALC 电路和放大器输出信号与磁头之间的耦合通道。

4. 收音无声

收音无声是指收录机使用磁带录放正常而接收不到电台广播信号。其故障又可分为 AM 接收无声、FM 接收无声和收音全部无声等情况。若是全部无声，则应着重检查 IC1 以及 AM、FM 接收的公共输出通道；若只是 AM 无声，则应检查 IC1 的 AM 接收天线回路、本振回路、中放回路等；若只是 FM 无声，则应检查 FM 的高频接收电路以及 IC1 的 FM 中放、鉴频、立体声解码等电路。

5. AM 接收灵敏度低

应着重检查有关 AM 接收部分的电路，造成故障的原因往往是本振失常，元器件质量不良和整机失调。

6. FM 接收灵敏度低

还有可能伴随出 FM 立体声指示灯不亮的情况，这说明整机电源、功放、录放前置、AM 接收等电路均正常，应着重检查 FM 接收的独立电路。

7. 录音声音轻

用空白磁带录音时灵敏度低，所录磁带的磁平很低，造成重放的声音轻。对于录音声音轻故障的检测，先要检查所要记录的信号能否正常送到录音放大器的输入端，放大器能否正常放大，录音的 ALC 电路、偏磁电路是否正常，再检查录音放大器输出的待录信号能否正常送达录音磁头。

8. 整机音量轻

整机音量轻是指不论是收音，还是磁带放音均出现声音轻现象，这属于功率放大器输出不足或喇叭质量差，应着重检查电源及功率放大电路。

9. 一个声道正常，另一声道无声

这说明电路两声道的公用部分是正常的（如电源电路、AM、FM 接收是正常的），应着重检查左、右声道的独立部分。该故障又可分为收音正常而磁带放音一个声道有声，一个声道无声，或磁带放音正常而收音一个声道有声，一个声道无声，或两种工作状态均是一个声道有声，一个声道无声等几种情况。

10. 磁带放音变调

变调的原因是带速不正常，当带速变快时，声音调子变高；带速变慢时，声音调子变低，这时应检查电动机及机芯的传动装置。变调原因的另一个可能是磁头方位角失调。

项目十　电视机的装接与生产

10.1　常用电子测量仪器的使用

10.1.1　信号发生器

信号发生器又叫信号源，是电子测量中提供符合一定要求的测量电信号的仪器。它同电压表、电子计数器、示波器等仪器一样，是最基本、最普通，也是应用最广泛的电子测量仪器之一。几乎所有电参量的测量都需要用到电信号发生器。

1. 作用与组成

（1）信号源的作用

激励源、信号仿真、标准信号源。

（2）信号源的基本组成

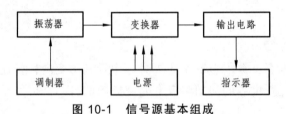

图 10-1　信号源基本组成

2. 信号发生器的分类

（1）按用途分类

① 专用函数发生器。例如：调频立体声、电视信号发生器

② 通用函数发生器。例如：低频、高频、函数、脉冲信号发生器等。

（2）按频率范围分类

① 超低频信号发生器：0.000 1 Hz ～ 1 000 Hz；

② 低频信号发生器：1 Hz ～ 1 MHz；

③ 视频信号发生器：20 Hz ～ 10 MHz；

④ 高频信号发生器：200 KHz ～ 30 MHz；

⑤ 甚高频信号发生器：30 KHz ～ 300 MHz；

⑥ 超高频信号发生器：300 MHz 以上。

（3）按输出波形分类

① 正弦波形发生器；② 脉冲信号发生器；③ 函数信号发生器；④ 随机信号发生器。

（4）按调制方式分类

调幅、调频脉、调相制等

3. 主要性能指标

（1）频率特性

① 频率范围。指仪器各项指标均能得到保证的输出频率范围，亦称有效频率范围。

② 频率准确度。指信号发生器输出刻度盘或数字显示数值与实际输出信号频率间的偏差。用来 α 表示，即：

$$\alpha = \frac{f - f_0}{f_0} = \frac{\Delta f}{f_0} \times 100\%$$

③ 频率稳定度。其他外界条件不变的条件下，在规定的时间内，信号发生器输出信号频率维持恒定不变的能力。

（2）输出特性

① 输出阻抗

低频信号发生器中一般有 50 Ω、600 Ω、5 kΩ 等各种不同输出阻抗；

高频信号发生器一般只有 50 Ω（或 75 Ω）一种输出阻抗。

② 输出波形及谐波失真

输出波形：能产生多种波形，如三角波、锯齿波、矩形波（含方波）、正弦波等。

谐波失真：指原有频率的各种倍频有害干扰。放大 1 kHz 的频率信号时会产生 2 kHz 的 2 次谐波和 3 kHz 及许多理高次的谐波，理论上此数值越小，失真度越低。

③ 输出电平及平坦度

输出电平：信号发生器所能提供的最大和最小输出电平调节范围。正弦信号发生器输出信号幅度采用正弦有效值（如 V、mV、μV）度量或用绝对电平（dB）度量。

平坦度：在有效频率范围内，输出电平随频率变化的程度。

10.1.2 计数器

1. 组成与原理

（1）电子计数器的基本组成

电子计数器的基本组成电路有输入电路、主门电路、计数显示电路（包括十进制计数器、寄存器、译码器及显示电路）、标准时间信号形成电路（包括石英晶体振荡器及分频、倍频电路）和控制电路。

（2）基本原理

根据频率的定义，已知某个标准的时间间隔 T_s 内，测出被测信号重复的次数 N，计算出频率，由译码电路显示测量结果。

（3）单元电路的工作原理

① 输入单元电路作用是将被测信号进行放大整形，然后送往主闸门。

② 时基产生电路由石英晶体振荡器、分频器和时基选择器组成。

作用：产生频率为 f_c（周期为 T_c）的正谐波信号，经分频、整形后得到周期为 $T_s = KT_c$ 的窄脉冲，然后触发门控电路，得到门控信号。

注意：分频后得到的时间基准都是 10 的幂次方，例如 1 ms、10 ms、0.1 s、10 s 等。当改变主门开启时间时，显示器上小数点也随之改变。

③ 主门控电路

通常由一个与门组成，进行时间与频率的量化比较，完成时间或频率的数字转化。

④ 计数显示电路

它的任务是对来自闸门的脉冲进行计数，并将计数结果以数字形式显示出来。

⑤ 逻辑控制电路

由门电路和触发电路组成时序逻辑电路，产生各种控制信号，控制整机各单元电路的工作，使整机按一定的工作程序完成测量任务。

2. 测频方法的误差分析

计数器直接测频的误差主要由两项组成：即 ±1 量化误差和标准频率误差。一般，总误差可采用分项误差绝对值合成：

$$\frac{\Delta f_x}{f_x} = \frac{\Delta N}{N} + \frac{\Delta f_s}{f_s}$$

3. 测量周期的误差分析

计数器直接测周的误差主要由两项组成：即 ±1 量化误差和时标周期误差。一般，总误差可采用分项误差绝对值合成：

$$\frac{\Delta T_x}{T_x} = \frac{\Delta N}{N} + \frac{\Delta T_0}{T_0}$$

4. 测频法和测周法的选择

测频时，被测频率 f_x 愈低，则量化误差愈大；

测周时，被测频率 f_x 愈高，则量化误差愈大。

可见，在测频与测周之间，存在一个中界频率 f_m，当 $f_x > f_m$ 时，应采用测频；当 $f_x < f_m$ 时，应采用测周方案。

10.1.3 示波器

电子示波器简称"示波器"，是一种用来直接显示电信号波形随时间变化过程的电子仪器。示波器能够将人眼无法直接观察到的电信号以波形的形式显示在示波器的屏幕上。它的用途极为广泛，可以用来观察信号波形、信号的幅度、频率、时间、相位等，还可以用来测量电路网络的频率特性和伏安特性。

1. 基本特点

（1）输入阻抗高，对被测信号影响小，有较强的过载能力，测量灵敏度高；

（2）可显示信号波形、测量信号瞬时值；

（3）工作速度快、频带宽，便于观察高速变化的信号；

（4）可显示任意两个信号的电压或电流的函数关系，故可作为信号的 X-Y 记录仪。

2. 电子示波器的分类

按示波器的性能和结构特点进行分类：

（1）通用示波器：采用单束示波管，是一种宽频带的示波器，常用的是双踪示波器，使用极为广泛，可以对一般电信号进行定性和定量的分析；

（2）多束示波器：采用多束示波管，通过电子开关进行切换，观察两个以上的波形或比较两个以上的信号很方便；

（3）取样示波器：便于观察和测量高频信号；

（4）记忆示波器：采用记忆示波管实现信息的存储；

（5）特种示波器：具有特殊的功能用途。例如，矢量示波器，高压示波器，心电图示波器等。

（6）数字存储示波器：能够将捕捉到的信号进行 A/D 转换，写入存储器。需要读出时，经过 D/A 转换还原成模拟信号，在示波器上显示出来；

（7）逻辑示波器（逻辑分析仪）。

3. 组 成

示波器是由示波管（CRT）、垂直偏转系统、水平偏转系统，同步控制系统，以及辉度控制电路、电源系统等几部分组成。

（1）电子枪

① 作用：发射电子并形成很细的高速电子束。

② 结构：它是由灯丝（F）、阴极（K）、栅极（G1）、前加速极（G2）、第一阳极（A1）、第二阳极（A2）组成。灯丝的作用是加热阴极后发射电子。

（2）偏转系统

偏转系统是由两对位置互相垂直的偏转板组成。靠近电子枪的一对是垂直偏转板，另一对是水平偏转板。电子束通过偏转板上加的电场发生偏转。

（3）荧光屏

荧光屏是荧光粉涂在玻璃屏的内表壁而制成。荧光屏的发光颜色通常有绿色、黄色、蓝色和白色。电子束轰击荧光粉时发出的荧光并不会立刻消失，而是要延续一段时间，这种现象称为余辉。按余辉持续的时间长短，示波管分为短余辉，中余辉和长余辉管三种。

4. 波形显示原理

Y 偏转板：加被测信号；

X 偏转板：加扫描电压信号（设为理想状态）。

（1）设 $U_x = U_y = 0$，则光点在垂直和水平方向都不偏转，出现在荧光屏的中心位置；

（2）设 $U_x = 0$，$U_y = U_m\sin\omega t$。

由于 X 偏转板不加电压，光点在水平方向是不偏移的，则光点只在荧光屏的垂直方向来回移动，出现一条垂直线段。

（3）设 $U_x = kt$，$U_y = 0$。

由于 Y 偏转板不加电压，光点在垂直方向是不移动的，则光点在荧光屏的水平方向上来回移动，出现的是一条水平线段。

由上三种情况可看出：

① X 偏转板上所加电压控制电子的水平运动；

② Y 偏转板上所加电压控制电子的垂直运动；

③ 电子位移长度取决于所加电压的大小。

（4）设 Y 偏转板加正弦波信号电压 $U_y = U_m\sin\omega t$，X 偏转板加锯齿波电压 $U_x = kt$，且有 $T_x = T_y$，荧光屏显示的是被测信号随时间变化的稳定波形。

（5）设 Y 偏转板加正弦波信号电压 $U_y = U_m\sin\omega t$，X 偏转板加锯齿波电压 $U_x = kt$，且有 $T_x = 2T_y$ 荧光屏显示的是被测信号随时间变化的稳定波形。

（6）设 Y 偏转板加正弦波信号电压 $U_y = U_m\sin\omega t$，X 偏转板加锯齿波电压 $U_x = kt$，且有 $T_x = 3/2T_y$，荧光屏显示的是被测信号随时间变化的不稳定波形。

由此可见当扫描电压的周期是被观测信号周期的整数倍时，即 $T_x = nT_y$（n 为正整数），每次扫描的起点都对应在被测信号的同一相位点上，这就使得扫描的后一个周期描绘的波形与前一周期完全一样，每次扫描显示的波形重叠在一起，在荧光屏上可得到清晰而稳定的波形。

当理想扫描电压的周期 $T_x = nT_y$（n 为正整数）时，波形稳定，且显示 n 个被测信号波形；当此关系不成立时，波形显示不稳定。

一般情况下，当扫描电压的周期 $T_s = nT_y$（n 为正整数）时，波形稳定，且显示 n 个被测信号波形；逆程消隐，此即"同步"原理。

5. 示波器的主要技术性能

（1）频率响应

示波器的频率响应就是其 Y 轴系统工作频率范围，或指 Y 放大器带宽，通常以 – 3 dB 处，即相对放大量下降到 0.707 时的频率范围表示。宽带示波器的频率响应低端常常从零开始，频带越宽，高频特性越好。

（2）偏转灵敏度

示波器输入电压与亮点 Y 方向偏移量的比值称为偏转灵敏度，也称为偏转因数。单位为 mV/div，度（div）指荧光屏刻度 1 大格，1 div = 1 cm。

偏转因数值可表示灵敏度，数值越小灵敏度越高，每一种示波器有一个最高灵敏度。一般示波器最高灵敏度对应于 5 mV/div 或 10 mV/div。当 Y 系统接入不同衰减器时偏转因数值会改变。

（3）扫描速度

扫描速度就是指光点水平移动的速度，其单位是 cm/s 或 div/s（度/秒）。

示波器屏幕上光点的水平扫描速度的高低可用扫描速度、时基因数、扫描频率等指标来描述。

扫描速度的倒数称为时基因数，它表示光点水平移动单位长度（cm 或 div）所需的时间。

扫描频率表示水平扫描的锯齿波的频率。一般示波器在 X 方向扫描频率可由 "t/cm" 或 "t/div" 分挡开关进行调节，此开关标注的是时基因数。为了观察缓慢变化的信号，则要求示波器具有较低的扫描速度，因此，示波器的扫描频率范围越宽越好。

（4）输入阻抗

输入阻抗是指示波器输入端对地的电阻 R_i 和分布电容 C_i 的并联阻抗。

输入阻抗越大，示波器对被测电路的影响就越小，输入电容 C_i 在频率越高时，对被测电路的影响越大。所以要求输入电阻 R_i 大而输入电容 C_i 小。

（5）瞬态响应

瞬态响应是指输入理想的矩形波信号后，示波器显示波形的脉冲参数，包括上升时间 tr、上冲 δ、平顶跌落 Δ、下降时间 tf、反冲 ε 等。是示波器的频率特性的瞬态表示法。其中以 tr 和 δ 最重要，上冲通常以相对值表示，在上冲一定的前提下，tr 越小示波器高频特性越好。

6. 选择示波器

（1）根据被测信号选择合适的示波器

① 根据要同时显示的信号数量，选择单踪或双踪示波器；

② 当定性分析观察信号的波形，并且是频率不高的正弦波，这时可选用普通示波器；

③ 当分析观察被测信号的幅度或时间，信号为脉冲波或频率较高的正弦波，这时可选择宽带示波器；

④ 当分析观察频率高于 100 MHz 的周期脉冲信号，可选用取样示波器；

⑤ 当希望将波形存贮起来以便事后进行分析研究,可选用具有记忆功能的记忆示波器。

（2）根据示波器的性能选择合适的示波器

频带宽度和上升的时间：一般要求频带宽度大于被测信号最高频率的 3 倍,上升时间应小于脉冲上升时间的 1/3。

垂直偏转灵敏度：如果是弱信号,应该选择具有较高偏转灵敏度的示波器,反之,可以用较低灵敏度的示波器。

此外,应选用输入阻抗较高的示波器。

7. 使用示波器探头时注意事项

（1）必须根据测试的具体要求来选用探头类型,否则将得到相反的效果。

比如误用电阻分压器探头去测量高频或脉冲电路,那么由于这种探头的高频响应很差,将使脉冲波形产生严重失真。

（2）一般情况,探头和示波器都应配套使用,不能互换,否则将会导致分压比误差增加或高频补偿不当,特别是使用低电容探头时。如果示波器 Y 通道的输入级放大管更换而引起输入阻抗改变,或者探头互换,这都有可能造成高频补偿不当而产生波形失真。

（3）低电容探头的电容器 C_1 应定期校正。

10.2　电视机的电路设计

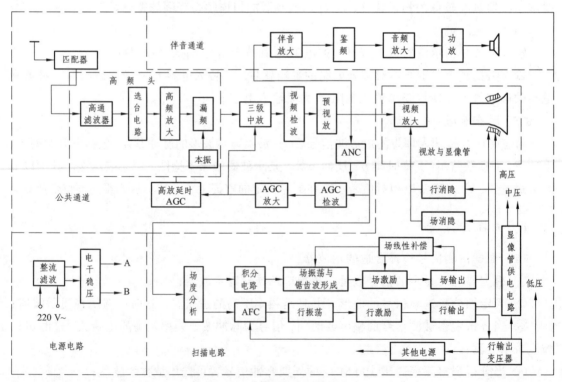

图 10-2　黑白电视机原理框图

10.2.1　公共通道组成与作用

公共通道的作用是对由天线接收下来的高频信号进行选频（选取需要的电台）、放大，再经混频取得中频信号，然后对中频信号进行足够的放大，经过检波还原成彩色全电视信号和第二伴音中频信号。

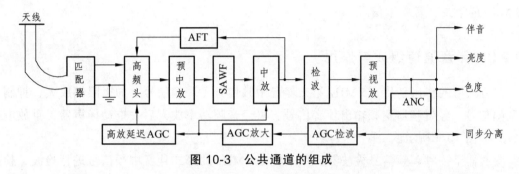

图 10-3　公共通道的组成

如图 10-3 所示，公共通道包括天线、高频调谐器、中频放大器、视频检波器、自动增益控制电路（AGC）、自动噪声抑制电路（ANC）和视放电路等。高频调谐器又称高频头，是由输入电路、高频放大器、本机振荡器和混频器组成。其作用是从天线感应到的各种微弱信号中选出待接收频道的高频电视信号（包括高频图像信号和高频伴音信号）而抑制其他干扰信号，经过高频放大器放大，以满足混频器对信号幅度的要求。在混频器中，将某一频道的本机振荡信号与对应频道的高频图像信号和高频伴音信号进行混频（差频），得到固定的 38 MHz 中频图像调幅信号和 31.5 MHz 中频伴音调频信号，然后送给中放电路处理。

10.2.2　中频通道组成与作用

1. 中频通道的组成

电视信号从高频调谐器到视频检波器所经历得电路称为中频通道。它是由预中放电路、声表面滤波器（SAWF）、中频放大器、视频检波器、自动增益控制电路（AGC）、自动噪声抑制电路（ANC）和预视放电路等组成。

2. 中频通道的作用

（1）放大中频电视信号；

（2）经过视频检波得到视频全电视信号；

（3）在视频检波器中，将 38 MHz 图像中频信号和 31.5 MHz 伴音信号进行混频（差频），得到 6.5 MHz 第二伴音中频信号（调频波）。

3. 自动增益控制（AGC）电路

该电路的作用是当天线接收的高频电视信号有强弱变化时，能够自动调节中放级和高放级的放大倍数（即增益），使检波后的视频信号变化甚微。

4. 视频检波器

功能有两个：① 对 38 MHz 的图像中频信号进行检波，检出 0～6 MHz 的黑白全电视信号；② 将 38 MHz 的图像中频信号与 31.5 MHz 的第一伴音中频信号进行差拍，得到 6.5 MHz 的第二伴音中频信号。

10.2.3 伴音通道组成与作用

伴音通道的作用是将 6.5 MHz 第二伴音中频信号（调频信号）加以限幅放大，抑制寄生调幅信号，经鉴频器鉴频输出伴音信号，再经音频功率放大后去推动扬声器，重放电视伴音，如图 10-4 所示。

鉴频器是一种调频信号检波器，用来对 6.5 MHz 的第二伴音中频信号进行检波，检出音频信号。

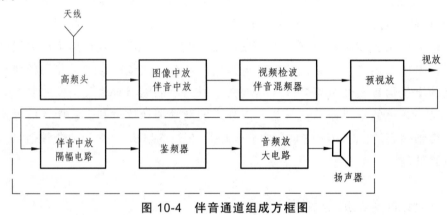

图 10-4　伴音通道组成方框图

10.2.4 扫描电路组成与作用

扫描电路的主要作用有：

① 向行、场偏转线圈提供符合要求的行、场锯齿电流，如图 10-5 所示，以保证显像管内电子束进行水平和垂直方向的扫描，为重现图像提供正常的光栅；

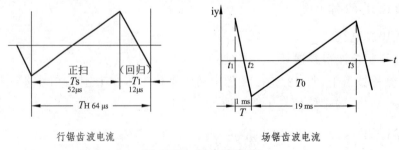

图 10-5　锯齿波电流

② 向亮度输出级和解码电路提供行、场消隐脉冲信号；

③ 产生显像管及其附属电路所需的高、中压电源。

由于行、场输出级工作电压较高，工作电流较大，所以，目前行输出级一般都采用分立元件电路，而场输出级有些采用分立元件电路，有些则采用集成电路。因此，通常把小信号工作的行、场扫描电路集成为一块集成电路，如图 10-6 所示。

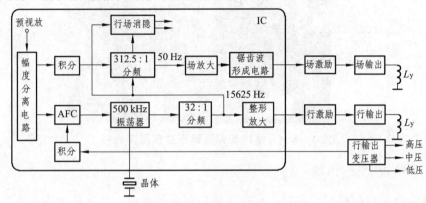

图 10-6　同步扫描系统方框图

1. 同步分离电路的作用

首先，从接收到的全电视信号中分离出复合同步信号，然后从复合同步信号中分离出场同步信号，送到场振荡的频率和相位；再把复合同步信号送往 AFC 电路，自动控制行振荡的频率和相位，最终实现收、发两端扫描的同步。同步分离电路和宽度分离电路两部分组成。

2. 行扫描电路的作用（见图 10-7）

（1）向行偏转线圈提供线性良好、幅度足够且与行同步脉冲的行频锯齿波电流产生垂直方向的磁场，使电子束做水平方向的扫描；

（2）给视放管提供消隐信号，用以消除行回扫线；

（3）给电视机提供除电源部分供电之外的其他电压；

（4）给 AFC 电路提供行逆程脉冲，以便与行同步脉冲进行相位比较。

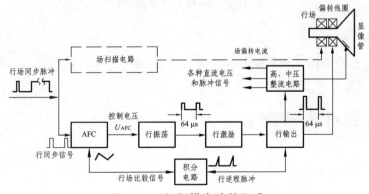

图 10-7　行扫描电路的组成

图 10-8 行输出管和行输出变压器实物图

3. 场扫描电路的作用

（1）供给场偏转线圈线性良好、幅度足够的锯齿波电流，使显像管中的电子束在垂直方向作匀速扫描。这个电流与电视台发出的场同步信号同步，它的频率为 50 Hz，周期为 20 ms，其中正程时间为 19 ms，逆程时间为 1 ms。与行锯齿波电流相比，其扫描正程的线性要求一样，但幅度较小，频率较低，正程与逆程时间也不一样。

（2）给显像管提供场消隐信号，以消除逆程电子束回扫时产生的回扫线。

（3）场扫描电路工作要稳定，在一定的范围内不受温度和电源电压变化的影响。与行扫描电路相似，场扫描电路包含场振荡、场激励和场输出三大部分。如图 10-9 所示。

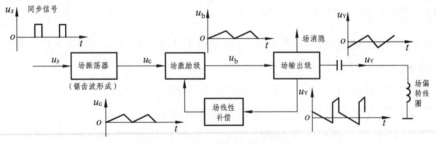

图 10-9 场扫描电路的组成

4. 稳压电路

稳压电路的作用是将 220 V 交流电变成 12 V 的直流电压，供给电视机各个部分。

10.3 元器件的检测与预处理

1. 电阻器的测量

电视机常用的电阻器有碳膜电阻、金属膜电阻、水泥电阻、热敏电阻、保险电阻、电位器等。使用万用表就能很容易测出其阻值，判断出好坏。

（1）普通电阻器的识别和检测

普通电阻器有碳膜电阻和金属膜电阻两种，含有 1/16 W，1/8 W，1/4 W，1/2 W，1 W，2 W 等不同功率，一般体积越大、引线越粗其功率越大，同样体积的金属膜电阻的功率大约是碳膜电阻的 2 倍。1/8 W 以下的电阻，其阻值和精度一般用色环表示（见图 10-10），每只色环电阻都有四个色环，金色或银色为最后一个色环，表示其精度，金色允许误差为5%，银色允许误差为 10%，依次向前推，倒数第二位上的数字表示有效数字后零的个数，倒数第三位（即第二位）上的数字表示第二位有效数字，倒数第四位（即第一位）上的数字表示第一位有效数字，其色环颜色表示的数字如表 10-1 所示：

表 10-1　色环颜色与对应的数字

色环	黑	棕	红	橙	黄	绿	蓝	紫	灰	白
电阻	0	1	2	3	4	5	6	7	8	9

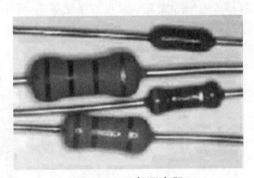

图 10-10　色环电阻

（2）消磁热敏电阻的识别和检测

消磁电阻是一种正温度系数热敏电阻（PTC），用于彩色显像管的消磁回路。常温下，消磁电阻阻值较小，一般为十几至几十欧；当其温度上升时，电阻值急剧增大，可达几百千欧。

检测时，从混装的电阻器中选出消磁电阻，将消磁电阻与一只 100～150 W 的灯泡串联，接入交流 220 V 的市电中（注意安全）。如该电阻正常，通入交流市电后，灯泡马上点亮，然后又逐渐熄灭；否则，该电阻已损坏。

（3）水泥电阻的识别

电视机中常选用大功率的水泥电阻器在电路中起限流作用。它实际是一种陶瓷绝缘线绕电阻器，电阻丝选用康铜、锰铜、镍铬合金材料，其稳定性好，负载能力强。电阻丝与引出脚之间采用压接方式，在负载短路的情况下，压接处迅速熔断，实现电路保护。水泥电阻器的外形如图 11-11 所示。

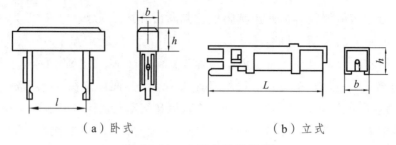

（a）卧式   （b）立式

图 10-11　水泥电阻的外形

2. 电容的检测

电容器是一种储能元件，在电路中作隔直流、旁路和耦合交流等用。电容器由介质材料间隔两个导电极片构成。电容器按不同的分类方法，可分为不同种类，如按工作中电容量的变化情况分为固定、半可调和可变电容器；按介质材料不同，可分为瓷介、涤纶等不同种类的电容器。由于结构和材料的不同，电容器外形也有较大的区别。

使用电容前应注意：

（1）选出各种常见电容器（电解、瓷片、云母、涤纶等），读出其电容值、耐压和型号。

（2）用万用表粗略判断是否击穿、开路、漏电及大致的容量（0.01 μF 以下万用表测不出）。

图 10-12　常用电容

3. 电感的检测

电路中产生电感作用的元件称为电感器。电感器也是一种储能元件，在电路中起阻交流、通直流等作用，可以在交流电路中起阻流、降压、负载等作用，与电容器配合可用于调谐、振荡、耦合、滤波、分频等电路中。

电视机使用的电感元件很多，其常见故障一般只是断路，很容易用万用表检测出来。各种电感器的符号和外形如图 10-13 所示。

图 10-13　各种电感器的符号和外形

检测电感时，从混装的电感器中选出常见电感元件（色码电感酷似电阻，但仔细看如葫芦状），用万用表判断其好坏。

4. 中频线圈的检测

中频线圈又称中频变压器（简称中周），包括图像中频线圈、AFC 中频线圈和伴音鉴频线圈，由一磁心线圈和内附瓷片电容并联构成，旋动磁心可以改变电感量，从而改变谐振频率。内附瓷片电容变质漏电常常是引发故障的原因，查看瓷片电容引脚是否生锈，测量线圈两引脚之间的电阻值可以判断其好坏。各种中频线圈的用途和线圈在技术上不同，但它们的外形结构却大体相同，在看图和检修时要注意识别。中频线圈的外形和结构如图 11-14 所示。

图 10-14　中频线圈的外形和结构

5. 晶体二极管的测量

二极管因结构工艺的不同可分为点接触和面接触二极管，如图 10-15 所示。点接触二极管工作频率高，承受高电压和大电流的能力差，一般用于检波、小电流整流、高频开关电路中；面接触二极管适应工作频率较低，工作电压、工作电流、功率均较大的场合，一般用于低频整流电路中。故选用二极管时应根据不同使用场合从正向电流、反向饱和电流、最大反向电压、工作频率、恢复特性等几方面进行综合考虑。

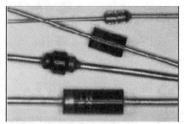

图 10-15　常用晶体二极管

6. 三极管的测量

三极管的种类从器件原材料方面可以分为锗三极管、硅三极管和化合物材料三极管等；从器件性能方面可分为低频小功率三极管、低频大功率三极管、高频小功率三极管和高频大功率三极管；从 PN 结类型方面看分为 PNP 型和 NPN 型三极管，如图 10-16 所示。

除普通晶体三极管外，还有光敏三极管、开关三极管、磁敏三极管、带阻三极管等特殊用途的晶体三极管。带阻三极管又叫状态三极管，是内含一个或数个电阻的三极管，主要用作电子开关及反相器，外形与同类三极管没什么区别，但在电路中大都不能替换，而且盲目替换往往会烧坏管子或引起电路故障。

测量三极管时：

（1）用万用表判断三极管的引脚，估测其电流放大倍数，并判定其好坏。

（2）用 JT-1 晶体管图示仪测量晶体三极管的输出特性曲线。

图 10-16　常用三极管

10.4　电视机的装接与生产

10.4.1　装接与调试

要对电视机进行安装、焊接、调试等操作，首先应掌握用电安全常识，常用电子元器件和电子仪器的使用，还应该了解黑白电视机基本的工作原理，以及各部分电路所能实现的功能等。

为了使电视机安装、焊接、调试能够顺利，在安装前应仔细清点要安装的电视机材料，并对其认真检测，看是否性能良好。看各元器件管脚是否已氧化，若有氧化，应将管脚刮亮或镀锡。安装前还要仔细检查电路板的铜箔是否完好，有无短路或断路，要特别注意的是不要用皮肤直接接触印制板焊接面，防止汗液使焊点很快氧化，影响焊接质量。焊接时，所在场所要有一定的活动空间，身边不要有易燃易爆物品，防止发生意外；对器件的焊接，焊点要饱满，防止电视机长期工作后脱焊。焊接二极管、三极管、电解电容等时，要特别注意电极和极性，不要将管脚接反、接错。

1. 焊接步骤

（1）焊接前先处理元件；

（2）将元件放到焊盘上，同时将烙铁放到焊盘相应的部位，放入焊料，待焊好后先取出焊料，然后取出烙铁；

（3）检查焊接质量，焊点是否光亮圆滑，有无假焊和虚焊；将不合格的焊点重新焊接；

（4）焊接完毕，拨下电烙铁插头，待其冷却后，收回工具箱。

应该注意的是，从最开始元件的选择处理，到最后完成，每一个步骤都是很总要的，一个步骤错误就有可能导致最后产品的质量问题，而有的错误有时是很难发现的。所以说每一个步骤做到最好，才能保证产品最终的质量。

2. 电源电路的调试

电路装完后，经互检无焊错、连焊及虚焊，用万用表的电阻挡测试输入回路的总阻值应在 200 kΩ 以上，如阻值小于此数值则不能通电，应找出原因，排除故障，使输入电阻达到 200 kΩ 以上，然后再与变压器相连接，通电后空载时整流输出电压应为 18～19 V。如果所测电源的值超出以上数据范围，应查明稳压电源各晶体管的电位，找出原因，或调整取样电阻，最终得到正确的电流和电压。

3. 通道部分的调试

通道部分包括高频头、中放、AGC 控制、检波与视放部分、音频信号通道部分。

对照电视机原理图与印制板检查无误后，接通电源，测试总电流应小于 750 mA，如果大于此数值，应立即关掉电源，查出过流原因，故障查出后，必须将故障排除，然后再打开电源测试各脚电位是否正常。

4. 扫描电路的调试

扫描电路包括同步分离、行场振荡、推动、输出电路，行输出变压器和显像管电路部分。经互检无误后，接通电源。测试总电流应小于 750 mA，如果大于此数值，应立即关掉电源，查出过流原因；故障查出后，必须将故障排除，然后再打开电源测试各脚电位（看是否正常）；如电位均正常，可用示波器观察行场电路各级输出波形。

5. 控制部分的调试

控制部分包括频道选择电路、音量调谐和电源开关。经互检无误后，接通电源，测试总电流应小于 850 mA。若大于此值，应立即关掉电源，查出过流原因，排除故障，然后测试各点电位是否正常。

10.4.2 整机组装

1. 接　线

① 尾板接线。注意接线顺序。

② 扬声器。

③ 电源。

④ 偏转线圈。偏转线圈分为场偏转线圈和行偏转线圈。

⑤ 天线。天线连接线插于天线插针上。

2. 调　试

① 开机调试前检查电视机焊点及连线。通电后，注意屏幕有无光栅，扬声器噪音是否正常。不正常时，应立即关机检查。

② 调整电源电压。用万用表测量高频头和散热片之间电压，微调电阻 222，使电源电压为 10 V。

注意：该电压过高或过低电视机都不能正常工作，且有烧毁的危险。

③ 调整行频。找到某一电台，微调电阻 103，使行同步，再将电台调偏，同时微调使其同步。

注意：不可快速调整，也不可使电视机长时间处于行频过低或过高状态，否则有烧毁危险。

④ 固定偏转线圈。将偏转线圈紧靠显像管锥体部分，转动偏转线圈，观察屏幕图像上下左右边缘和屏幕四边平行后，紧固偏转线圈螺丝（以不动为限，不可用力过大以防损坏电子枪部分）。

⑤ 调整屏幕中心。调整电子枪一对磁环，使屏幕图像位于屏幕中心。磁环易破裂，调整时注意用力均匀。

⑥ 调整场同步。调整电阻 501，使电视机场同步，即图像不翻滚。

⑦ 调整场幅。调整电阻 502，使图像高度合适。调整时可配合第 4 步。

⑧ 调整射频 AGC。调谐至最佳位置，调整电阻 201，使图像效果最好即可。

⑨ 调整伴音。调谐至最佳位置，使声音效果最好即可。调整时，将音量开到 1/3 处。

3. 装　壳

① 将调整板用螺丝固定。

② 将调谐按钮、音量旋钮、波段开关装好，一定要到位且保证转动灵活，然后用螺丝将调谐旋钮、音量旋钮固定。然后贴上不干胶贴。

③ 检查所有连线均准确连接后，将主板装入机壳中，并将机壳螺丝拧紧。

10.4.3　常见故障及检修方法

1. 常见故障现象及分析

（1）无光、无图、无声：故障通常在电源部分或行扫描及通道同时出现故障。

（2）有光、无图、无声：光栅是由行、场扫描形成的，有光栅说明电源、扫描电路基本正常。无图、无声说明故障在公共通道，即高频头、图像中放、视频检波、预视放等电路，当然也不能排除视放和伴音通道同时出现故障的可能。

（3）有光、有图、无声：说明扫描电路、公共通道均正常，故障可能在伴音通道。

（4）有光、有声、无图：说明扫描电路、公共通道及伴音通道均正常，故障可能在视放级。

（5）光栅不正常：出现一条水平亮线或亮带，表明场扫描电路有故障；水平或垂直幅度不够，表明行或场锯齿波电流幅度不够，或者是电源电压偏低等。

（6）图像不正常，但光栅正常：出现图像上、下滚动或跳动，表明场不同步；图像扭曲或出现黑斜条，表明行不同步；图像背景杂波点多，表明公共通道灵敏度低。

2. 常用检修方法

（1）功能比较法

利用光、电、声的有无或异常表现可确定故障大致范围；同时还可以结合调节面板上的开关旋钮，观察光、图、声的变化，进一步缩小故障范围。

（2）信号注入追踪法

信号注入追踪法是利用信号源向电视机公共通道、伴音通道等信号通道从后级向前逐级注入信号，根据荧光屏和扬声器的反应来判断故障部位的方法。注入的信号可以是人体感应信号，可以是 50 Hz 交流信号或专用信号源信号。判断低频放大通道故障宜采用低频信号注入，如人体感应信号或 50 Hz 交流信号；判断中、高频通道故障则宜采用相应的中频和高频信号源注入信号。在没有专门的中、高频信号源时也可采用简单的接触电位差脉冲作为注入信号，这种方法通常称为干扰法。

（3）测量法

① 电压测量法

电压测量法就是对怀疑有故障的电路进行电压检测，利用所测的数据与正常数据值进行比较，根据电路工作原理进行逻辑推理判断的一种方法。电压测量法可以用来检查电路中各点电压明显异常的故障，例如，晶体管损坏，电容严重损坏（击穿）和有关电路的开路、短路等。电压测量法在电视机电路中可用于对振荡器、AGC 电路、晶体管放大电路、集成电路等的检测。

② 电流测量法

直接测量法：通常用于小电流的测量，将电流表直接串接在所测电路中进行，依据实测电流与正常值进行比较，分析故障部位。

间接测量法：测量电路中某已知阻值电阻上的压降，间接求得电流值的方法。

取样测量法：若电路中没有合适的电阻可供测量，则可利用一个合适功率的电阻（通常阻值取 1 kΩ）串接在被测电流的回路中，根据测量取样电阻上的压降求得电流值。

③ 在路电阻测量法

在路电阻测量法就是不将元件从印刷板上焊下，而直接在印刷板上测量元器件好坏的一种方法。在一个完整的电路中，不管其内部有多少回路和支路，当选中一条支路作为被测支路进行在路电阻测量时，可以把其余回路和支路都等效为一个与被测支路并联的外在电路。若外支路阻值已知或根据图纸得出估计值后，可求得被测支路的阻值。被测支路可以是电阻、电容、二极管或三极管的一个 PN 结。通常二极管正向电阻为几百至几千欧姆，反向电阻为几十至几百千欧姆，三极管 PN 结正反向电阻与二极管相同。

（4）仪器仪表检查法

这是一种采用测试仪器检查电视机故障的方法。电视机维修主要使用的测试仪器有示波器、扫频仪及电视信号发生器等。示波器可用于测量彩色全电视信号，同步及扫描电路各部分的波形。利用示波器可较方便准确地观察各部分波形的有无及波形形状、脉冲宽度、频率和幅度等是否符合要求。扫频仪可用来检查和调整高频头、图像中放、视频放大及伴音中放等电路的频率特性。当这些电路出现故障时，特性曲线形状和幅度都将有明显的变化，检修中可以依据实测的特性曲线与正常特性曲线的比较来确定故障部位。电视信号发生器可用来检查电视机扫描特性及通道特性，根据所观察到的图像来判断故障部位。

（5）对比代换法

对比代换法是采用正误对比的方法来检查判断故障的。这种方法有两种方式：将有故障的机器和正常的机器进行比较；用已知正常的部件或元器件代换被怀疑有故障的部件或元器件。因为有些元器件损坏时万用表不易判别，如行输出变压器局部短路、小电容容量减小、小电容内部开路等。注意：使用对比代换法时要尽量选用同规格、同型号的元器件。

（6）直接感受法

直接感受法就是利用人的感官，通过看、听、嗅、摸等方法来观察故障。它是检修中不可缺少的辅助手段。例如，观看机器内有无打火，是否听到异常的声音，嗅到焦味，触摸变压器、晶体管、大功率电阻等是否烫手等。有时用此方法可迅速找出故障部位。这种方法是一种快速有效的检修方法。

（7）分割、短路检查法

① 分割法

分割法主要用于多支路电路的故障检修。检修中可采用分割法测量电阻或测量电压（电流）的方法来判断故障。在实际检修中，分割法较多地用于检修直流供电电源短路或因负载过重造成的故障。如检修主电源供电电压低的故障时，常采用断开行输出级供电回路的方法，判断是否因行输出电路电流过大造成的。在检修某一电路对地短路故障时，也常用这种方法，检修时逐一断开所怀疑的电路，直到短路故障被分割（确定）出来为止。

② 短路法

短路法主要用来检查自激的故障，如啸叫声、嗡嗡声、图像网纹等。具体方法是用一大电容并接在初步判断产生自激的电路输入或输出端到地之间，按信号传输流程，由前往后。如并到某级输出端，自激消失了，则故障就在该级电路以前。

（8）模拟比较法

① 敲击振动法

敲击振动法主要用来检查电路中某元器件因虚焊而造成的故障。具体方法是用绝缘物体轻轻敲击电视机印刷板，当敲击到某一部分时，若故障频繁出现，则判断故障就在此附近。这种方法可以达到快速查找故障的目的。

② 局部加（降）温法

局部加（降）温法主要应用于检查与温度有关的软故障，如电视机工作一段时间后屏幕出现不同步故障现象等。对于这类故障，可用吹风机或热烙铁头靠近与同步电路有关部分的元器件，人为地对它加温。如果加温后故障现象更明显，说明该元器件不良。同理，出现故障后，用棉花蘸少许酒精，涂在被怀疑的元器件上，人为降温后，若故障现象消失，则故障就出在该元件上。

学习资料一

电子产品技术文件

技术文件是产品生产、试验、使用和维修的基本依据。产品技术文件具有生产法规的效力，必须执行统一的严格标准，实行严明的规范管理，不允许生产者有个人的随意性。技术文件分为设计文件和工艺文件两大类。

11.1　设计文件

设计文件是由设计部门制定的，是产品在研究、设计、试制和生产实践过程中逐步形成的文字、图样及技术资料。它规定了产品的组成、型号、结构、原理以及在制造、验收、使用、维修、贮存和运输产品过程中，所需要的技术数据和说明，是制定工艺文件、组织生产和使用产品的基本依据。

11.1.1　设计文件的概述

1. 产品的分级

电子产品种类繁多，根据产品结构复杂程度可分为简单产品和复杂产品；按产品的结构特性可分为：成套设备、整件（组件）、部件、零件；按产品的使用和制造情况可分为：专用件、通用件、标准件、外购件等。

为了便于对设计文件分类编号，规定电子产品及其组成部分按其结构特征及用途分为8个等级，见表 11-1 所示。

表 11-1　产品的分级

级的名称	成套设备	整件	部件	零件
级的代号	1	2，3，4	5，6	7，8

（1）零件

零件是一种不采用装配工序而制成的产品。例如，无骨架的线圈、冲床加工而成的焊片等，这级代号（或图样编号）为 7，8 级。

（2）部件

部件是由两个或两个以上零件或材料等组成的可拆卸或不可拆卸的产品。它是装配较复杂的产品时必须组成的中间装配产品。例如，带骨架的线圈、安装好的电路板、装有变压器的底板等。部件亦可包括其他较简单的部件和整件。这级代号（或图样编号）为5，6级。

（3）整件（组件）

整件是由材料、零件、部件等经装配连接所组成的具有独立结构或独立用途的产品。如收音机、万用表、稳压电源以及其他较简单的整件。这级代号（或图样编号）为2、3、4级。

（4）成套设备

成套设备是若干个单独整件相互连接而共同构成的成套产品（这些单独的整件的连接在一般的制造企业中不需要经过装配或安装），以及其他较简单的成套设备。如雷达系统、计算机系统、音响系统等。这级代码号（或图样编号）为1级。

产品除以上8级外，还规定0级为通用文件，9级为日后需要补充时所用。

2. 设计文件的分类

下面介绍设计文件的几种分类法。

（1）按表达的内容分类

① 图样：以投影关系绘制，用于说明产品加工和装配的要求。

② 简图：以图形符号为主绘制。用于说明产品电气装配连接，各种原理和其他示意性内容。

③ 文字和表格：以文字和表格的方式说明产品的技术要求和组成情况。

（2）按形成的过程分类

① 试制文件：是指设计性试制过程中编制的各种设计文件。

② 生产文件：是指设计性试制完成后，经整理修改，为进行生产（包括生产性试制）所用的设计性文件。

（3）按绘制过程和使用特征分类

① 草图：是设计产品时所绘制的原始图样，是供生产和设计部门使用的一种临时性的设计文件。草图可用徒手绘制。

② 原图：供描绘底图用的设计文件。

③ 底图：是作为确定产品及其组成部分的基本凭证。底图又可为：

基本底图——即原底图，是经各级有关人员签署而制定的。

副底图——是基本底图的副本，供印制复印图时使用。

④ 复印图：是用底图以晒制、照相或能保证与底图完全相同的其他方法所复制的图样，晒制复印图通常称为蓝图。

⑤ 载有程序的媒体：计算机用的磁盘、光盘等。

11.1.2　设计文件内容

1. 设计文件编号方法

设计文件的编号，一般将设计文件按规定的技术特征（功能、结构、材料、用途、工艺）分为 10 级（0~9 级），每级又分为 10 类（0~9 类），每类分为 10 型（0~9 型），每型分为 10 种（0~9 种）。在特征标记前冠以汉语拼音字母表示企业区分代号，在特征标记后，标上三位数字，表示登记号，最后是文件简号，示例如下所示。

<u>AB</u>　　　　<u>2.022</u>　　　　<u>.005</u>　　　　<u>MX</u>
企业代号　　级、类、型、种　　登记顺序号　　文件简号

2. 设计文件的组成及完整性

设计文件是组织生产的必要条件之一，必须完整。每个产品都有配套的设计文件，一套设计文件的组成内容随产品的复杂程度、继承程度、生产特点和研制阶段的不同而有所区别。一般在满足组成生产和提供使用的前提下，由设计部门和生产部门参照表 11-2 协商确定。

表 11-2　电子产品设计文件的成套性

序号	文件名称	文件简号	产品				产品的组成部分		
			成套设备 1 级	整件 2, 3, 4 级	部件 5, 6 级	零件 7, 8 级	整件 2, 3, 4 级	部件 5, 6 级	零件 7, 8 级
1	产品标准		▲	▲	▲	▲			
2	零件图					▲			▲
3	装配图			▲	▲		▲	▲	
4	外形图	WX		△	△		△	△	△
5	安装图	AZ	△	△					
6	总布置图	BL	△						
7	频率搬移图	PL	△		△				
8	方框图	FL	△		△		△		
9	信号流程图	XL	△		△		△		
10	逻辑图	LJL		△	△		△		
11	电路图	DL	△	△	△		△		
12	接线图	JL		△	△		△	△	
13	线缆连接图	LL	△		△				
14	机械原理图	YL	△		△		△	△	
15	机械传动图	CL	△		△		△	△	
16	其他图样	T	△		△	△	△	△	
17	技术条件	JT					△	△	△

续表 11-2

序号	文件名称	文件简号	产品				产品的组成部分		
			成套设备 1 级	整件 2, 3, 4 级	部件 5, 6 级	零件 7, 8 级	整件 2, 3, 4 级	部件 5, 6 级	零件 7, 8 级
18	技术说明书	JS	▲	▲	△		△		
19	说明	S	△	△	△	△	△	△	
20	表格	B	△	△	△	△	△	△	
21	明细表	MX	▲	▲	▲		▲		
22	整件汇总表	ZH	△	△					
23	附件及工具配套表	BH	△	△					
24	成套运用文件清单	YQ	△	△					
25	其他文件	W	△	△	△	△			

表中，"▲"表示必需编制的设计文件；"△"表示根据实际需要而定。

"其他图样"T、"说明"S、"表格"B 和"其他文件"W 这四个文件简号的后面，允许加注脚序号。注脚序号定在文件简号的右下角，并从本身开始算起，例如 S、S_1、S_2 等。

"表格"B，是指不属于表中所列文件而单独使用的、属于表格内容的设计文件。隶属于简图的表格可以用 A4 图纸单独编写（如电路图的元件目录、接线图的接线表）等。

3. 设计文件的格式

（1）设计文件的格式

现行标准规定了各种设计文件的格式，计有格式（1）、格式（2）等 15 种。不同的文件采用不同的格式。如表 11-3，表 11-4 所示为模式（1），模式（2）样表。

表 11-3　格式（1）样表

						涂覆		
旧底图总号						①	②	
	更改标记	数量	文件号	签名	日期			
底图总号	设计						重量	比例
	复核							
	工艺							
	标准化					③	第　张	共　张
	批准						④	
格式：1		制图：			描图：			幅面：4

表 11-4　格式（2）样表

					序号	代号	名称	数量	备注
旧底图总号					①		②		
	更改标记	数量	文件号	签名	日期				
底图总号	设计						重量	比例	
	复核								
	工艺								
	标准化				③		第　张	共　张	
							④		
	批准								
格式：1		制图：		描图：			幅面：4		

（2）设计文件的填写方法

每张设计文件上都必须有主标题栏和登记栏，零件图还应有涂覆栏（见格式1），装配图、安装图和接线图还应有明细栏（见格式2）。

标题栏

标题栏放在设计文件每张图样的右下角，用来记载图名（产品名称）、图号、材料、比例、重量、张数、图的作者和有关职能人员的署名及署名时间等。

填写说明如下：

第①栏内填写产品或其组成部分（零、部、整件）的名称。对于零件图、装配图以外的文件，在第①栏填写产品名称外，还需要用小一号的字体写出该文件的名称，如明细表、技术说明等；

第②栏内填写设计文件的编号和图号；

第③栏内填写规定使用的材料名称和牌号；

第④栏为空白栏。

"涂覆"栏在主标题栏的右上方，供零件图填写涂覆要求时使用，栏内填写涂覆的标记。

明细栏

明细栏位于标题栏的上方（见格式2），用于填写直接组成该产品的整件、部件、零件、外购件和材料，亦即在图中有旁注序号的产品和材料。填写方法是按照装入所述装配图中的整件、部件、零件、外购件和材料的顺序，依照编号由小到大的顺序自下而上地填写。

明细栏填写方法如下：

"序号"栏内，填写所列产品和材料在图中的旁注序号；

"代号"栏内，填写相应设计文件的编号；

"名称"栏内，填写所列产品和材料的名称及型号（或牌号）；

"数量"栏内，填写所列产品和材料的数量。对于材料，还需标注计量单位；

"备注"栏内，填写补充说明。

当装配图是两张或两张以上的图纸时，明细栏放在第一张上。复杂的装配图允许用 4 号幅面单独编制明细栏，作为装配图纸时，明细栏应自上而下填写。

登记栏

位于各种设计文件左下方（在框图线以外，装订线下面）。填写说明如下：

"底图总号"栏内，由各企业技术挡案部门直接收底图时填写文件的基本底图总号。"旧底图总号"栏内，填写被本底图所代替的旧底图总号。

11.1.3　常用设计文件介绍

1. 方框图

方框图是一种使用非常广泛的说明性图形，它用简单的"方框"代表一组元器件、一个部件或一个功能块。用它们之间的连线表达信号通过电路的途径或电路的工作顺序。框图具有简单明确、一目了然的特点。如图 11-1 所示为收音机的基本方框图。它能让人们一眼就看出电路的全貌、主要组成部分及各级电路的功能。

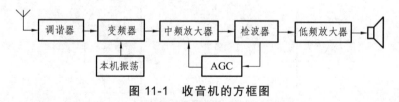

图 11-1　收音机的方框图

方框图对于了解电路的工作原理非常有用。一般比较复杂的电路原理图都附有框图作为说明。绘制框图时，要在框图内使用文字或图形注明该框图所代表电路的内容或功能，框之间一般用带有箭头的连接线表示信号的流向。

2. 电原理图

电原理图是详细说明产品元件或单元间电气工作原理及其相互间连接关系的略图，是设计、编制接线图和研究产品性能的原始资料。在装接、检查、试验、调整和使用产品时，电原理图与接线图一起使用。如图 11-2 所示为 LM386 功率放大电路的原理图。

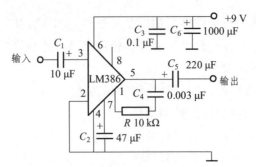

图 11-2　LM386 功率放大电路的原理图

组成产品的所有元件在图上均以图形符号表示，但为了清晰方便，有时对某些单元亦可以用方框表示。各种符号在图上的配置可根据产品基本工作原理，从左至右，自上而下地排成一列或数列，并应以图面紧凑、清晰、顺序合理、电连接线最短和交叉最少为原则。对于在电原理图上采用方框图形表示的单元，应单独给出其电原理图。

在原理图中各元件的图形符号的右方或上方应标出该元件的位置符号，各元件的位置符号一般由元件的文字符号及脚注序号组成。如 R_1，C_2 等。

在看电原理图前必须熟悉元器件的图形符号。而后从上至下，从左至右，由信号输入端，一个个回路、一个个元件地看、分析，一直到信号的输出端。

3. 接线图

接线图是表示电子产品装接面上各元器件的相对位置关系和接线的实际位置的略图，供电子产品的整件或部件内部接线时使用。如图 11-3 所示。为 LM386 功率放大电路的接线示意图。在制造、调整、检查和使用电子产品时，接线图应与电原理图或逻辑图一起用于产品的接线、检查、维修。接线图还应包括进行装接时必要的资料，例如接线表，明细表等。

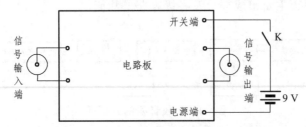

图 11-3　LM386 功率放大电路的接线图

对于复杂的产品，若一个接线面不能清楚地表达全部接线关系时，可以将几个接线面分别给出。绘制时，应以主接线面为基础，将其他接线面按一定方向开展，在展开接线面旁，要标出展开方向。在某一个接线面上，如有个别元件的接线关系不能表达清楚时，可采用辅助视图（剖视图、局部视图、向视图等）来说明并在视图旁注明是何种辅助视图。

看接线图时同样应先看标题栏、明细表，然后参照电原理图，看懂接线图。而后按工艺文件的要求将导线接到规定的位置上。

复杂的设备或单元用的导线较多，走线复杂，为了便于接线，使走线整齐美观，可将导线按规定和要求绘制成线扎装配图。

4. 装配图

装配图是表示产品组成部分相互连接关系的图样。在装配图上，仅按直接装入的零、部、整件的装配结构进行绘制，要求完整、清楚地表示产品的组成部分及其结构总形状。装配图主要用于指导印制板组件的装配生产，同时利于产品故障的检查和维修。如图11-4所示为LM386功率放大电路的装配图示意。

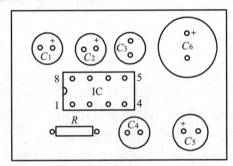

图 11-4　LM386 功率放大电路的装配示意图

5. 技术条件

技术条件是指对产品质量、规格及其检验方法等所做的技术规定，是产品生产和使用应当共同遵循的技术依据。

技术条件的内容一般应包括概述、分类、外形尺寸、主要参数、例行和交收试验、试验方法、包装和标志、贮存和运输。对产品的组成部分，如整件、部件、零件，一般不单独编写技术条件。

6. 技术说明书

技术说明书用于说明产品用途、性能、组成、工作原理和使用维护方法等技术特性，供使用和研究产品之用。内容一般应包括概述、技术参数、工作原理、结构特征、安装及调整等。

① 概述：概括性地说明产品的用途、性能、组成、原理等。

② 技术参数：应列出使用研究本产品所必须的技术数据以及有关的计算公式和特性曲线等。

③ 工作原理：应从本产品的使用出发，通过必要的略图，以通俗的方法说明产品的工作原理。

④ 结构特征：用以说明产品在结构上的特点、特性及其组成等。可借外形图、装配图和照片来表明主要的结构情况。

⑤ 安装及调整：用以说明正确使用产品的程序，以及产品维护、检修、排除故障的方法、步骤和应注意的问题。

在必要时，根据使用的需要可同时编制使用说明书，其内容主要包括产品的用途、简要技术特性及使用维护方法等。对于简单的产品只要编制使用说明书即可。

7. 明细表

明细表是表格形式的设计文件，分为成套设备明细表、整件明细表、成套件明细表等。其中，整件明细表是确定整件组成部分的具体内容和数量的技术文件，是企业组织生产和进行生产管理的基本依据。整件明细表通常按文件、单元电路、部件、零件、标准件、材料等顺序进行填写。

11.2　工艺文件

工艺是劳动者利用生产工具对各种原材料、元器件、半成品等进行加工或装配使之成为产品或新的半成品的方法和过程。工艺是人类在劳动中积累起来并经过总结的操作技术经验，是在生产中总结出最好的、最佳的、最标准的解决问题的方法和途径，是生产的艺术。

工艺通常是以文件的形式来表示。工艺文件是指导工人操作和用于生产、工艺管理等的各种技术文件的总称，是生产企业必备的一种技术资料。它是企业进行生产准备、原材料供应、计划管理、生产调度、劳动力调配及工模具管理的主要技术依据，是加工操作、安全生产、技术、质量、检验的技术指导。

工艺文件与设计文件同是指导生产的文件，两者是从不同角度提出要求的。设计文件是原始文件，是生产的依据，而工艺文件是根据设计文件提出的加工方法，以实现设计图纸上的要求并以工艺规程和整机工艺文件图纸指导生产，以保证任务的顺利完成。

11.2.1　工艺文件的分类

工艺文件分为工艺管理文件和工艺规程文件两大类。

1. 工艺管理文件

工艺管理是工艺工作的主要内容之一。企业的工艺管理是在一定的生产方式和条件下，按一定的原则、程序和方法，科学地计划、组织和控制各项工艺工作的全过程，是保证整个生产过程严格按工艺文件进行活动的管理科学。

工艺管理文件是企业科学地组织生产和控制工艺工作的技术文件。不同的企业工艺管理文件的种类不完全一样，但一些常用的基本文件都应当具备，主要有工艺文件目录、工艺路线表、材料消耗工艺定额明细表、配套明细表、专用及标准工艺装配表等。

2. 工艺规程文件

工艺规程文件是规定产品或零件制造工艺过程和操作方法的工艺文件，是工艺文件的主要部分。

（1）按使用性质可分为专用工艺规程、通用工艺规程、标准工艺规程。

① 专用工艺规程专门为某产品或某组装件的某一工艺阶段编制的一种工艺文件。

② 通用工艺规程。几种结构和工艺规程特性相似的产品或组装件所共用的工艺文件。

③ 标准工艺规程。某些工序的工艺方法经长期生产考验已定型，并已纳入标准的工艺文件。

（2）按加工专业分为机械加工工艺卡、电气装配工艺卡、线扎工艺卡、油漆涂覆工艺卡等。

11.2.2　工艺文件的编制

工艺文件是企业组织生产、指导操作、保证产品产量的重要手段和法规，因此工艺文件应做到正确、完整、统一、清晰。

1. 工艺文件的编号及简号

工艺文件的编号是指工艺文件的代号，简称"文件代号"。它由三个部分组成：企业区分代号、该工艺文件的编制对象（设计文件）的编号和工艺文件简号。必要时工艺文件简号可加区分号予以说明，如下所示。常用的工艺文件简号规定如表 11-5 所示。

JDA　　　　　　　　3.110.001　　　　GZB　　　　　　　　　　　　1
企业区分代号　级、类、型、种　工艺文件导线及扎线加工表　区分号（内控加工表）

表 11-5　工艺文件简号规定

序号	工艺文件名称	简号	字母含义	序号	工艺文件名称	简号	字母含义
1	工艺文件目录	GML	工目录	9	塑料压制件工艺卡	GSK	工塑卡
2	工艺线路表	GLB	工路表	10	电镀及化学镀工艺卡	GDK	工镀卡
3	工艺过程卡	GGK	工过卡	11	电化涂覆工艺卡	GQK	工涂卡
4	元器件工艺表	GYB	工元表	12	热处理工艺卡	GRK	工热卡
5	导线及线扎加工表	GZB	工扎表	13	包装工艺卡	GBZ	工包装
6	各类明细表	GMB	工明表	14	调试工艺	GTS	工调试
7	装配工艺过程卡	GZP	工装配	15	检验规范	GJG	工检规
8	工艺说明及简图	GSM	工说明	16	测试工艺	GCS	工测试

对于填有相同工艺文件名称及简号的各工艺文件，不管其使用何种式，都应认为是属同一份独立的工艺文件，它们应在一起计算其张数。

2. 工艺文件的编制原则

编制工艺文件应以保证产品质量，稳定生产为原则，采用最为经济、合理的工艺手段进行加工。在编制前必须对该产品工艺方案的制订进行调查研究工作，掌握国内外制造该类产品有关的信息，以及依据上级或企业领导形成文字的有关决策和指令作为编制依据。

编制工艺文件的基本原则如下：

（1）要根据产品的批量大小、性能指标和复杂程度编写相应的工艺文件。对于简单产品可编写某些关键工序的工艺文件；对于一次性生产的产品，可视具体情况编写临时工艺文件或参照同类产品的工艺文件，甚至可不编写工艺文件。

（2）根据生产车间的组织形式、设备条件和工人的技术水平等情况编制工艺文件，确保工艺文件的可操作性。

（3）对未定型的产品，可不编制工艺文件。如果需要，可编写部分必要的工艺文件。

（4）工艺文件应以图为主，使操作者一目了然，便于操作，必要时可加注简要说明。

（5）凡属工人应掌握的工艺规程内容，可不再编入工艺文件中。

3．工艺文件的编制方法

（1）要仔细分析设计文件的技术条件、技术说明、原理图、安装图、接线图、线扎图及有关的零、部件图等。将这些图中的安装关系与焊接要求仔细弄清楚。

（2）根据实际情况，确定生产方案，明确工艺流程和工艺路线。

（3）编制准备工序的工艺文件，如各种导线的加工、元器件引线成形、浸锡、各种组合件的装接、印标记等。凡不适合直接在流水线上装配的元器件，可安排在准备工序里去做。

（4）编制总装的流水线工序的工艺文件。先根据日产量确定每道工序的所需工时，然后由产品的复杂程度确定所需的工序数。在音频视频类电子产品的批量生产中，每道工序的工时数一般安排 1 min 左右。编制流水线工艺文件时，应充分考虑各工序的平衡性，安排要顺手，最好是按局部分片分工，尽可能不要上下翻动机器，正反面都装焊。安装与焊接工序尽可能分开，以简化工人操作。

4．工艺文件的编制要求

（1）编制的工艺文件要有统一的格式、幅面，图幅大小应符合规定，并装订成册，配齐成套。纸的幅面尺寸见表 11-6 所示。

表 11-6　纸的幅面尺寸

基本幅面尺寸		基本幅面尺寸	
代号	尺寸（mm）	代号	尺寸（mm）
A0	841×1 189	A3×3	420×891
A1	594×841	A3×4	420×1 189
A2	420×594	A4×3	297×630
A3	297×420	A4×4	297×841
A4	210×297	A4×5	297×1 051

（2）工艺文件中的字体要规范，书写应工整、清晰、正确。

（3）工艺文件中使用的名称、编号、图号、符号、材料和元器件代号等应与设计文件保持一致。

（4）工艺附图应按比例准确绘制，并注明完成工艺过程所需要的数据和技术要求。

（5）编制工艺文件时尽量引用部颁通用技术条件、工艺细则或企业标准工艺规程。并最大限度地采用工装具或专用工具、测试仪器和仪表。

（6）工艺文件中应列出工序所需的仪器、设备和辅助材料等。对于调试检验工序，应标出技术指标、功能要求、测试方法及仪器的量程和挡位等。

（7）装接图中的装接部位要清楚，接点应明确。内部接线可采用假想移出展开的方法。

（8）编制关键件、关键工序及重要零、部件的工艺规程时，要指出准备内容，装配方法、装配过程中的注意事项。

（9）易损或用于调整的零件、元器件要有一定的备件。视需要注明产品存放、传递过程中必须遵循的安全措施与使用的工具、设备等。

（10）工艺文件应执行审核和批准等手续。

11.2.3　常见工艺文件介绍

1. 工艺文件封面

工艺文件封面是指为产品的全套工艺文件或部分工艺文件装订成册的封面，其格式如图 11-5 所示。简单产品的工艺文件可按整机装订成册，复杂产品可按分机单元装订成若干

图 11-5　工艺文件封面

册。各栏目的填写方法如下："共 X 册"填写工艺文件的总册数；"第 X 册""共 X 页"填写该册在全套工艺文件中的序号和该册的总页数；"型号""名称""图号"分别填写产品型号、名称、图号；最后要填写批准日期，执行批准手续等。

2. 工艺文件目录

工艺文件目录是供工艺文件装订成册用，在工艺文件目录中，可查阅每一组件、部件和零件的各种工艺文件的名称、页数和装订的册次，是归档时检查工艺文件是否成套的依据，其格式如表 11-7 所示。

表 11-7　工艺文件目录

				产品名称或型号		产品图号
	工艺文件目录					
	序号	文件代号	零、件、整件图号	零、件、整件图名称	页数	备注
使用性						
旧底图总号						
底图总号	更改标记	数量	文件号	签名	日期	签名　日期
						拟制
						审核
日期	签名					第　页　共　页
						第　册　第　页

3. 配套明细表

配套明细表供有关部门在配套及领发材料时使用。它反映部件、整件装配时所需用的零件、部件、整件、外购件等各种材料及其数量，以便供各有关部门在配套准备时作为领料、发料的依据。配套明细表见表 11-8 所示，填写时"来自何处"栏填写材料的来源处；辅助材料填写在顺序的末尾。

表 11-8　配套明细表

	配套明细表			装配件名称		装配件图号
	序号	图　号	名　称	数　量	来自何处	备注
使用性						
旧底图总号						
底图总号	更改标记	数量	文件号	签名　日期	签名　　日期	第　　页
					拟制	
					审核	共　　页
日期	签名					
						第册　第页

4. 工艺路线表

工艺路线表是能简明列出产品零、部、组件生产过程中由毛坯准备到成品包装过程中，在工厂内外顺序经过的部门及各部门所承担的工序简称。该表还列出零、部、组件的装入关系的一览表，格式如表 11-9 所示。它的主要作用是：

（1）作为生产计划部门车间分工和安排生产计划的依据，并据此建立台账，进行生产调度；

表 11-9 工艺线路表

				装配件名称			装配件图号
	工艺线路表						
	序号	图号	名　称	装入关系	部件用量	整件用量	备注
	1	2	3	4	5	6	7
使用性							
旧底图总号							

底图总号	更改标记	数量	文件号	签名	日期	签名		日期	第　页
						拟制			
						审核			共　页
日期	签名								
									第　册　第　页

（2）作为工艺部门专业工艺员编制工艺文件分工的依据。

填写时注意，"装入关系"栏用方向指示线显示产品零、部、整件的装配关系；"工艺路线表内容"栏，填写零、部、整件加工过程中部门（车间）所用工序的名称和代号。

5. 导线及线扎加工表

导线及线扎加工表用于导线和线扎的加工准备及排线，是整机产品、分机、整件、部件进行系统的、内部的电路连接所应准备的各种各样的导线、扎线、电缆等加工汇总表，是企业组织生产、进行车间分工以及生产技术准备工作的最基本的依据，其格式如表 11-10 所示。

表 11-10　导线及线扎加工表

序号	线号	材料				导线修剥尺寸			导线去向		设备	每（　）工时定额（　）分		操作
		代号	名称	颜色	数量	L 全长	A 剥头	B 剥头	A端	B端		准备结束		操作
1	2	3	4	5	6	7	8	9	10	11	12	13		14

产品名称　　部件名称

产品图号　　部件图号

简图：

旧底图总号

底图总号	更改标记	数量	文件号	签　名	日期	签名	日期	第　　页
						拟制		
						审核		共　　页
日期	签名							第　册　第　页

6. 装配工艺过程卡

装配工艺过程卡（又称工艺作业指导卡）是用来编制产品的部件、整件的机械性装配和电气连接的装配工艺全过程（包括装配准备、装联、调试、检验、包装入库等过程）。其格式如表 11-11 所示，一般直接用在流水线上，以指导工人操作。

表 11-11　装配工艺过程卡

					装配件名称		装配件图号
装配工艺过程卡							
序号	装入件用辅助材料		车间	工序号	工种	工序(步骤)内容要求	设备及工装	工时定额
	图号、名称	数量						
1	2	3			4	5	6	7
使用性								
旧底图总号								

底图总号	更改标记	数量	文件号	签名	日期	签名	日期	第　页
						拟制		
						审核		共　页
日期	签名							
								第册　第页

7. 工艺文件更改通知单

工艺文件更改通知单供永久性修改工艺文件用,其格式如表 11-12 所示。使用时应写明更改原因、生效日期及处理意见。

除上述的工艺文件表格外,还有"工艺说明及简图""元器件工艺表""检验卡"等到工艺文件,可根据企业实际情况制定填写,在此不再详述。

表 11-12 文件更改通知单

更改单号	工艺文件更改通知单		产品名称或型号	零、部、整件名称	图 号	第 页
生效日期	更改原因	通知单分发单位		处理意见		
更改标记	更改前		更改标记	更改后		

拟 制		日 期		审 核		日 期		批 准		日 期	

学习资料二

调试工艺

装配工作只是把成百上千的元器件，按照设计的要求连接起来，而每个元器件的特性参数都不可避免地存在着微小的差异，其综合结果会使电路的各种性能出现较大的偏差，加之在装配过程中产生的各种分布参数的影响，故在整机电路刚组装完成，其各项技术指标一般不可能达到设计要求，必须通过调试才能达到规定的技术要求。

12.1 调试工作的内容

12.1.1 调试的目的

1. 调试的含义

调试工作包括测试（检验）和调整两部分内容。可以概括为通过测试（检验）以确定产品是否合格，对不合格产品通过调整使其技术指标达到要求。

（1）测试：主要是对电路的各项技术指标和功能进行测量与试验，并同设计的性能指标进行比较，以确定电路是否合格。它是电路调整的依据，又是检验结论的判据。

（2）调整：主要是对电路参数的调整。一般是对电路中可调元器件（如可调电阻、可调电容、可调电感等）以及机械部分进行调整使电路达到预定的功能和性能要求。

实际上，电子产品的调整和测试是同时进行的，要经过反复的调整和测试，产品的性能才能达到预期的目标。

2. 调试的目的

调试的目的主要有两个方面。

（1）查找设计上的缺陷和安装错误，并进行改进与纠正，或提出改进建议；

（2）通过调整电路参数，避免因元器件参数或装配工艺的不一致而造成电路性能的不一致或功能、技术指标达不到设计要求的情况发生，确保产品的各项功能和性能指标均达到设计要求。

3. 调试工作的主要内容

电子产品的调试工作主要包含两个阶段的内容：产品研制阶段的调试工作和产品批量生产阶段的调试工作。产品研制阶段的调试除了对电路设计方案进行试验和调整以外，还要对后面的生产阶段的调试提供确切的调试数据和工艺要求，根据产品研制阶段的调试步骤、工艺方法、调试过程找出重点和难点，才能制定出合理、科学、优质、高效的调试工艺方案来，才有利于产品批量生产阶段的调试工作。

产品研制阶段的调试由于参考数据少，甚至没有可以参考的数据，只有一些理论上的分析数据，产品电路还不成熟。因此，需要调整的元件较多，调试工作量较大，并且调试工作具有一定的摸索性。在调试过程中还要逐步确定哪些元件需要更改参数，哪些元件需要用可调元件（如电位器、可调电容等）来代替，并且还要确定调试步骤、调试方法、调试点和使用的仪器等，这些都是在产品研制阶段需要做的调试工作。

在产品批量生产阶段，由于有了研制阶段的调试工作基础，调试工艺已经基本成熟。因此，这个阶段的调试主要考虑调试效率、调试步骤，使调试点、调试参数越少越好。生产阶段的调试质量和效率取决于调试操作人员对调试工艺的掌握熟练程度和调试工艺过程是否制定合理。

生产阶段的调试工作大致有以下内容：

（1）通电前的外观和内部连接检查工作

一般在产品通电之前应先检查外观有没有异常，如电源连接是否正确、牢靠，螺母有否松动，表面有否划伤，装配有否错位等；产品内部底板或主板上的插件是否正确，焊接是否存在虚焊和短路的现象，对外连接的插座是否焊接正确和牢靠。首次调试时，还要检查调试仪器是否正常，精度和阻抗是否满足调试要求。

（2）测量电源工作情况

若调试单元是外加电源，必须在调试之前先测量供电电压是否正常；若是由产品底板供电的，则应先断开负载，测量其空载电压是否正常；若电压正常，再接通负载。一般调试工作台应该有监视或显示电源的仪器仪表。

（3）通电观察

接通调试系统电源，先不加测试信号，观察有无异常现象，例如异味、冒烟、元件特别发烫等；若有异常，应该立即切断电源，检查供电系统和产品连接。

（4）测试与调整

测试是在安装后对产品电路的参数和工作状态进行测量，调整是在测试的基础上对电路的参数进行调节修正使之满足产品设计要求。调试包括部件和整机的调试，如果整机电路是由分开的多块电路板组成的，应该先进行单块电路板的调试后再进行整机调试。在进行单块电路板的调试时，比较理想的调试顺序应该是按信号的流向进行，这样可以把前面调试过的电路板输出信号作为后面一级的输入信号，为最后整机调试逐步打下了基础。

（5）调试工作的最后内容是对产品进行老化和环境试验并且作好试验记录准备出厂。

12.1.2　调试方案的制订

调试方案是指一系列适用于调试某产品的具体内容和项目、调试步骤和方法、测试条件和测试设备、调试作业流程和安全操作规定。调试工艺方案的好坏直接影响到生产调试的效率和产品质量控制，所以，制订调试方案时内容一定要具体并且切实可行，测试条件应该明确清晰，测试设备要选择合理，测试数据要尽量表格化。调试方案的制订一般有以下五个内容：

（1）确定测试项目以及每个子项目的调试内容和步骤、调试要求。

（2）合理安排调试流程。一般调试工艺流程的安排原则是先调试结构部分，后调试电气部分；先调试部件，后调试整机；先调试独立项目，后调试相互有影响和制约的公共项目；对调试指标的顺序安排应该是先调试基本指标，后调试对产品质量影响较大的指标。

（3）合理安排好调试工序之间的衔接。在流水作业方式的生产中，对调试工序之间的衔接要求很高，衔接不好会使整个生产线出现瓶颈效应甚至造成混乱。为了避免流水作业中出现重复和调乱可调元件的现象，必须规定调试人员除了完成本工序的调试任务以外，不得调整与本工序无关的部分，调试完成后还要做好调试标记（如贴标签或者蜡封、红油漆点封等）。在本工序调试的项目中如果遇到不合格的电路板或部件，在短时间内难以排除时，应作好故障记录后放在一边，以备转到维修部门或者返回上道工序生产调试车间处理。

（4）调试手段及调试环境的选择。调试手段越简单越好，调试的参数越少越好，调试设备越少越好。调试仪器的摆放应该遵循就近、方便、安全的原则，应该充分利用高科技手段，例如计算机自动化测试等。另外，要重视调试环境，应该尽量减小诸如电磁场、噪声、潮湿、温度等环境因素对调试工作带来的影响。

（5）编制调试工艺文件。调试工艺文件主要包括调试工艺卡、调试操作规程、安全操作规程、质量分析表的编制。

12.2　调试仪器

12.2.1　调试仪器的选择

在调试工作中，调试质量的好坏在一定程度上取决于调测试仪器的正确选择与使用。因此，在选择仪器时，应把握以下原则。

1. 调试仪器的工作误差应远小于被调试参数所要求的误差

在调试工作中，通常要求调试产生的误差相对于被测参数的误差，可以忽略不计。在调试中所产生的误差，包括调试仪器的工作误差、测试方法及测试系统的误差。后者在制定测试方案时就已经考虑到，并采取措施加以消除，故该误差可以忽略不计。对于测试仪器的工作误差，一般要求小于被测参数误差的十分之一就可以了。以测量电压、电流为例，若测试精度要求较高，可选用高精度的指针式电表，精度等级在 0.5 级以上。若选用数字式电表，其测量精度会更高，如五位直流数字电压表的测量精度可达 ±（0.01~0.03）%。

2. 仪器的输入/输出范围和灵敏度，应符合被测电量的数值范围

如果工作频率较低、可选用低频信号发生器，其频率范围一般为 1 Hz ~ 1 MHz，输出信号幅度为几毫伏到几伏，如 XD-22A 型低频信号发生器。如果工作频率较高，可选用高频信号发生器，频率范围一般为 100 kHz 到 35 MHz，信号输出幅度为 1 μV ~ 1 V，如 YB1051 型高频信号发生器。当然，在选择信号源时，信号输出方式，输出阻抗等相关技术指标也要满足要求。

3. 调试仪器量程的选择，应满足测量精度的要求

如指针式仪表，是以满量程时的测量精度来表示的，被测量值越接近满度值误差就越小。所以，在选择量程时，应使被测量值指在满刻度值的三分之二以上的位置。如果选用数字式仪表，其测量误差一般多发生在最后的一位数字上。所以，测量量程的选择应使其测量值的有效数字位数尽量等于所指示的数字位数。例如，用 P2-8 型五位数字电压表测直流电压，其测量精度为 ±（0.01 ~ 0.03）%；若用来测 12 V 电压，应放在 "20 V" 挡为好，可测得五位有效数字；若测 24 V 的电压，应放在 200 V 挡为好，可保证有四位效数字。

4. 测试仪器输入阻抗的选择

要求在接入被测电路后，应不改变被测电路的工作状态，或者接入电路后，所产生的测量误差在允许范围之内。

在测电流时，仪表串联接入电路之中，所以应选内阻很小的电表，这对低电压、大电流电路尤为重要。

在超高频测量时，应注意测试仪表的输入阻抗和被测电路阻抗相匹配，以免在连接处产生终端反射而造成波形畸变。

5. 测试仪器的测量频率范围，应符合被测电量的频率范围

测试仪器的测量频率范围(也叫频率响应)，应符合被测电量的频率范围(或频率响应)。否则，就会因波形畸变而产生测量误差。

12.2.2　调试仪器的配置

一项测试究竟要由哪些仪器及设备组成以及仪器及设备的型号如何确定，必须依据测试方案来确定。测试方案拟订之后，为了保证仪器正常工作且达到一定精度，在现场布置和接线方面需要注意以下几个问题。

（1）各种仪器的布置应便于观测。确保在观察波形或读取测试结果（数据）时视差小，不易疲劳。例如，指针式仪表不宜放得太高或太偏，仪器面板应避开强光直射等。

（2）仪器的布置应便于操作。通常根据不同仪器面板上可调旋钮的布置情况来安排其位置，使调节方便、舒适。

（3）仪器叠放置时，应注意安全稳定及散热条件。把体积小、重量轻的放在上面。有的仪器把大功率晶体管安装在机壳外面，重叠时应注意不要造成短路。对于功率大、发热量多的仪器，要注意仪器的散热和对周围仪器的影响。

（4）仪器的布置要力求连接线最短。对于高增益、弱信号或高频的测量，应特别注意不要将被测件输入与输出的连接线靠近或交叉，以免引起信号的串扰及寄生振荡。

12.3 调试工艺技术

12.3.1 调试工作的一般程序

不论是部件调试还是整机调试，对于调试岗位，调试工作的一般程序如图 12-1 所示。

图 12-1 调试工作的一般程序

（1）调试仪器连接正确性检查：主要检查调试用的仪器之间是否连错，包括极性、接地、测试点、输入输出连接等。

（2）调试环境及电源检查：主要检查调试环境是否符合调试文件所规定的要求，例如，调试环境及周围有没有强烈的电磁辐射和干扰，有没有易燃易爆物质，电源的电压或频率是否符合要求等等。

（3）静态调试：主要完成静态工作点的调试和产品工作电流、逻辑电平的测试。

（4）动态调试：主要完成产品的动态工作电压、各点波形、相位、功率、频带和放大倍数、输入输出阻抗的测试。

（5）环境测试：主要是根据产品环境测试要求完成产品的环境试验，例如温度、湿度、压力、运输、电源波动、冲击等的产品性能测试。一般环境测试都有专门的试验员或者检验员以及相应的产品环境测试大纲，本章不讨论这个内容。

（6）做调试通过与否的标记和处理：调试过程中发现了不合格产品，应该立即做好记录并且放入不合格产品库中以便返回有关车间或者上道工序检查维修，调试合格的产品也要做好登记并且贴上合格标记。

在上面的调试工作中，最重要的就是静态和动态调试，是后面产品环境试验的基础。

12.3.2 静态调试

静态是指没有外加输入信号（或输入信号为零）时电路的直流工作状态。例如，测试模拟电路的静态工作情况通常是指测电路的静态工作点，也就是测试电路在静态工作时的直流电压和电流。而调整电路的静态工作状态通常是指调整电路的静态工作点，也就是调整电路在静态工作时的直流电压和电流。在一定的静态工作点基础上工作，才能具有较好的动态特性，所以在动态调试或整机调试之前必须对产品各功能电路板的静态工作点进行适当的测试和调整，使其符合静态设计要求，这样才可以大大降低动态调试时的故障率，提高调试效率。静态调试是不加外部信号的调试。

1. 静态测试内容

（1）供电电源静态电压测试

电源电压正常是各级电路静态工作点是否正常的保证，如果电源电压偏高或者偏低，都不能准确测量出相应的静态工作点。电源电压如果有较大的波动，应该不要接入测试电路，先检查电源波动的原因，例如测量其空载电压、接入假负载时的电压、供电线路是否异常等，待电源正常后才可以接入测试电路。

（2）测试单元电路静态工作总电流

通过测量分块电路静态工作电流，可以及早知道单元电路工作状态，如果电流偏大甚至超差，则说明电路存在部分短路或漏电，如果电流偏小甚至超差，则说明电路部分存在开路现象。只有及早测量该电流，才能减小元件的损坏，此时的电流值只能作为参考，等单元电路各静态工作点调试完后，还要再测量一次，检查是否符合要求。

（3）三极管静态电压、电流测试

如果电路含有有源分立元件三极管，则首先要测量三极管三极对地电压，即 U_b、U_c、U_e 的值，用以判断三极管是否工作在要求的状态下（放大、截止、饱和），例如，测出 U_b = 0.68 V，U_c = 0.15 V，U_e = 0.1 V，说明三极管处于饱和导通状态，如果应该是放大状态，就要调整基极偏置使其进入放大状态。

其次，再测量三极管集电极电流，要保证 I_c 在规定的范围以内，测量方法一般有两种：

① 直接测量法。把集电极焊开后串接入万用表，使用电流挡测量其电流。

② 间接测量法。集电极不动，测量三极管集电极线性电阻上的电压，然后根据欧姆定理 $I = U/R$，间接计算出集电极静态电流。

（4）集成电路静态工作点的测试

集成电路内部集成了成千上万个晶体管、电阻和电容，也有一个电路初始值要求的问题：

① 集成电路各功能引脚静态对地电压的测量。一般情况下，集成电路各功能引脚对地电压反映了其内部各点工作状态是否正常，在排除外围元件损坏或插错的情况下，只要将测量的各功能引脚电压与正常电压值进行比较就可以判断集成电路是否正常。

② 集成电路静态工作电流的测量。有时集成电路虽然可以工作，但是发热严重，说明其功耗偏大，是静态工作电流不正常的现象，所以要测试其静态工作电流。测量时可以断开集成电路供电引脚串入万用表，使用电流挡来测量，如果是正负双电源供电，则应该分别测量。

（5）数字集成电路静态逻辑电平的测量

数字电路只有两种电平：高电平和低电平。以 TTL 与非门电路为例，0.8 V 以下为低电平，1.8 V 以上为高电平，电压在 0.8 V ~ 1.8 V 之间电路状态是不稳定的。所以该电压范围是不允许出现的，出现了就意味着集成电路不正常，不同数字集成电路高低电平界限可能不一样，但是相差不应该太大，具体可以参考有关集成电路手册。

在测量数字集成电路的静态逻辑电平时，先在输入端加入高电平或者低电平，然后测量各输出端的电压是否符合规定的电压值并且做好记录，测量完毕后应该分析输出逻辑电平，有异常的则要对电路引脚作一次检查，看有没有短路、断路或者虚焊的地方，不行就更换集成电路。

2. 测试的注意事项

（1）直流电流测试的注意事项

① 直接测试法测试电流时，必须断开电路后将仪表（万用表调到直流电流挡）串入电路；

② 注意电流表的极性，应该使电流从电流表的正极流入，负极流出；

③ 合理选择电流表的量程，使电流表的量程略大于测试电流。若事先不清楚被测电流的大小，应先把电流表调到高量程测试，再根据实际测试的情况将量程调整到合适的位置再精确地测试一次；

④ 根据被测电路的特点和测试精度要求选择电流表的内阻和精度；

⑤ 利用间接测试法测试时必须注意：被测电阻两端并联的其他元器件，可能会使测量产生误差。

（2）直流电压测试的注意事项

① 直流电压测试时，应注意电路中高电位端接表的正极，低电位端接表的负极；电压表的量程应略大于所测试的电压。

② 根据被测电路的特点和测试精度的要求，选择测试仪表的内阻和精度。测试精度要求高时，可选择高精度模拟式或数字式电压表。

③ 使用万用表测量电压时，不得误用其他挡，特别是电流挡和欧姆挡，以免损坏仪表。

④ 在工程中，一般情况下，称"某点电压"均指该点对电路公共参考点（地端）的电位。

3. 电路调整方法

进行电路测试的时候，有时需要对某些元件的参数作一些调整。电路调整的方法一般有两种：

（1）选择法。围绕性能指标要求，通过替换某些元件来选择合适的电路参数，一般在电路原理图中，某些元件的参数旁边通常标注有"*"号，表示该元件参数需要在调试中才能实际最后确定。由于反复替换元件不方便，一般总是先用可调元件接入，等最后调试确定了比较合适的元件参数以后再换上与选定参数相同的固定元件。

（2）调节可调元件法。在电路中直接接入可调元件，例如电位器、可调电容等，特点是参数调试方便，而且电路工作一段时间后，如果状态发生变化也可以随时调整，电路维护也比较方便，但是可调元件的稳定性较差，体积也比较大，在振动、运输环境下容易发生参数变化。

静态调试的内容较多，适用于产品的研制阶段和初学者调试电路使用，但是在产品批量生产阶段，为了提高生产效率，静态测试往往只是做几项具有针对性的调试，而且主要以调节可调元件为主。对于调试中发现的不合格电路，也只是作简单检查，例如看有没有短路或者断线等，如果不能发现问题和找到故障源，则应立即在电路板上贴上标记并且注明故障现象，再转到维修部门或者上道生产线去进一步检查维修。这样，才不会影响调试生产线的正常运行。

12.3.3　动态调试

动态调试的目的，就是在静态调试基础上加入工作信号调整电路的各项动态参数以满足性能指标要求。动态调试的内容包括动态工作电压、波形的形状、幅值和频率、动态输出功率、相位关系、带宽、电路增益（放大倍数）等，对于数字电路产品，一般只要器件选择合适，静态工作点正常，电路的逻辑关系就不会有什么问题，只要测试一下电路电平的转换和工作速度就可以了。

1. 测试电路的动态工作电压

一般测试内容包括三极管 e、b、c 极和集成电路各引脚对地的动态工作电压。动态电压与静态电压同样是判断电路是否正常工作的重要依据，例如，有些振荡电路当电路起振时，测量三极管的 U_{be} 直流电压，指针式万用表的指针会出现反偏现象，利用这一点就可以判断电路是否起振。

2. 测量电路波形、频率和幅度

任何电路正常工作时，都有一些关键波形应该处于要求的波形、频率和幅度范围之内，波形的测试与调整是调试工作中的一个相当重要的技术。很多电子产品都有波形产生或者波形变换的电路，为了判断电路各种工作过程是否正常，常常需要通过示波器来观察并且测试这些关键波形的形状和幅度、频率。对不符合技术要求的，则需要通过调整电路元件参数使其达到规定的技术要求，调整不起作用的要注明故障现象并且转入维修部门。在脉冲电路的波形变换和处理中，这种测试更为重要。

在用示波器观察波形时，示波器的上限频率应该高于被测试波形的频率，对于脉冲波形，示波器的上升时间还必须小于被测试波形的上升时间。

3. 电路频率特性的测试与调整

频率特性是电子产品中的一项重要性能指标。例如，电视机接收图像质量的好坏就主

要取决于高频调谐器和中放通道的频率特性。所谓电路的频率特性就是指一个电路在不同频率、相同幅度的输入信号激励作用下的输出响应。测试电路频率特性的方法一般有两种，即点频法和扫频法。

（1）点频法。点频法是用信号源（如正弦波信号源）向被测电路提供所需的输入电压信号，用电子电压表监测被测电路的输入电压和输出电压。点频法测量幅频特性的原理框图如图 12-2 所示；

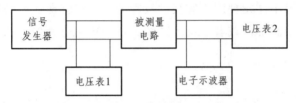

图 12-2　点频法检测幅频特性的原理图

测试时，保持输入信号幅度不变，改变输入信号的频率，通过电子电压表将不同频率的输出电压值记录下来，并以频率为横坐标，电压幅度为纵坐标，逐点标出测量值，最后用一条光滑的曲线连接各测试点，这条曲线就是被测电路的幅频特性曲线。幅频特性曲线的示意图如图 12-3 所示。测量时，频率间隔越小则测试结果就越准确。这种方法多用于低频电路的频响测试，如音频放大器、收录机等。

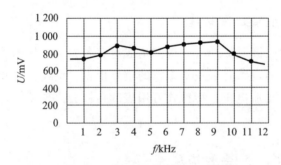

图 12-3　幅频特性曲线示意图

点频法的特点是测试原理简单，测试设备使用简单，但测试时间长，测试误差较大，费时、费力且准确度不高，多用于低频电路的测试。

（2）扫频法。扫频测试法是使用专用的频率特性测试仪（又叫扫频仪）直接测量并显示出被测电路的频率特性曲线的方法。高频电路一般采用扫频法进行测试。

扫频仪是将扫频信号源与示波器组合在一起，用于频率特性测试的专用仪器。其测量机理为用扫频信号源取代普通的信号源，把人工逐点调节频率变为自动逐点扫频，用电子示波器取代电子电压表，使输出电压随频率变化的轨迹自动地呈现在荧光屏上，从而直接得到被测信号的频响曲线。

扫频信号发生器能向被测电路提供频率由低到高，然后又由高到低，反复循环且自动变化的等幅信号。示波器部分将被测电路输出的信号经电路调整、处理后由示波管逐点显示出来，由于扫频信号发生器产生的信号频率间隔很小，几乎是连续变化的，所以显示出的曲线更细腻、光滑。扫频测试法的测试接线示意图如图12-4所示。

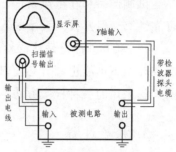

测试时，应根据被测电路的频率响应选择一个合适的中心频率，用输出电缆将扫频仪的输出信号加到被测电路的输入端，用检波探头将被测电路的输出信号电压送到扫频仪的输入端，在扫频仪的荧光屏上就能显示出被测电路的频率特性曲线。

（3）频率特性的调整。在测到的频率特性曲线没有达到设计要求的情况下，需要调整电路的参数，使频率特性曲线达到要求。通过对电路参数的调整，使其频率特性曲线符合

图 12-4　扫频法测试幅频特性的接线示意图

设计要求的过程就是频率特性的调整。频率特性的调整是在频率特性测试的基础上进行的。

调整的思路和方法基本上与波形的调整相似，只是频率特性的调整是多频率点，既要保证低频段又要保证高频段，还要保证中频段。也就是说，在规定的频率范围内，各频率信号的幅度都要达到要求。而电路的某些参数的改变，既会影响高频段，也会影响低频段，一般先粗调，后反复细调。所以，调整的过程要复杂一些，考虑的因素要多一些，对调试人员的要求也要高一些。

12.4　整机质检

电子产品在调试合格之后，要根据产品设计的技术要求和工艺要求进行必要的检验（质量检验和验收），检验合格后才能投入使用。可以说，质量检验是生产过程中必要的工序，是保证产品质量的必要手段，伴随产品生产的整个过程。检验工作应执行三级检验制：自检、互检、专职检验。我们一般讲的检验是指专职检验，即由企业质检部门的专职人员根据相应的技术文件，对产品所需的一切原材料、元器件、零部件、整机等进行测试与检验，判断其质量的好坏。

12.4.1　质检的基本知识

1. 检验的概念

检验是通过观察和判断，结合测量、测试等手段对电子产品进行的综合性评价。整机质检就是按照整机技术要求规定的内容进行观察、测量、测试，并将得到的结果与规定的设计指标和工艺要求进行比较，以确定整机各项指标的合格情况。检验与测量、调试有着本质的区别，不要混淆概念。

2. 检验的分类

检验过程一般分为全检及抽检两类。

（1）全检。全检是对所有产品逐个进行检验。一些可靠性要求严格的产品，如军工产品、试制产品及在生产条件、生产工艺改变后的部分产品必须进行全检。全检以后的产品可靠性高，但要投入大量的人力物力，造成生产成本的增加。

（2）抽检。抽检是从待检产品中抽取一部分进行检验。在电子产品的批量生产过程中，有些环节不可能也没有必要对生产出的零部件、半成品、成品都采用全检方法。抽检是目前广泛采用的一种检验方法。

3. 检验过程

为保证电子产品的质量，检验工作贯穿于整个生产过程中，一般可将其分为三个阶段。

（1）装配器材入库前检验。主要指元器件、零部件、外协件及材料入库前的检验。装配材料的检验一般采取抽检的检验方式。

（2）生产过程检验。生产过程检验是对生产过程中的一个或多个工序，或对半成品、成品的检验，主要包括焊接检验、单元电路调试检验、整机组装后系统检验等。生产过程检验一般采取全检的检验方式。

（3）整机检验。整机检验应按照产品标准（或产品技术条件）规定的内容，采取多级、多重复检的方式进行。检验内容主要包括对产品的外观、结构、功能、主要技术指标、兼容性、安全性等方面的检验。

另外，检验过程还包括对产品进行环境试验和寿命试验。其检验方式一般采用入库全检、出库抽检。

12.4.2　验收试验

1.装配材料入库前检验

产品生产所需的原材料、元器件、外协件等在包装、存放、运输过程中有可能会出现变质或者有的材料本身就不合格，所以入库前的检验就成为保证产品质量可靠性的重要前提。材料入库前应按产品技术条件、技术协议进行外观检验或相关性能指标的测试，检验合格后方可入库。对判定为不合格的材料则不能使用，并进行严格隔离，以免混料。

2. 生产过程检验

检验合格的元器件、原材料、外协件在部件组装、整机装配过程中，可能因操作人员的技能水平、质量意识及装配工艺、设备、工装等因素，使组装后的部件、整机有时不能完全符合质量要求。因此，对生产过程中的各道工序都应进行检验，并采用操作人员自检、生产班组互检和专职人员检验相结合的方式。

自检是操作人员根据工序指导卡的要求，对自己所装的元器件、零部件的装接质量进行检查。对不合格的部件及时调整或更换，避免流入下道工序。

互检是下道工序对上道工序的装调质量进行检验，看其是否符合要求。对有质量问题的部件应及时反馈给上道工序，决不能在不合格部件上进行工序操作。

专职检验时应根据检验标准，对部件、整机生产过程中各装调工序的质量进行综合检查。检验标准一般以文字、图纸形式表达检验错误，对一些不便用文字、图纸形式表达的缺陷或错误，应使用实物建立标准样品作为检验依据。

3. 整机检验

整机检验是检查产品经过总装、调试之后是否达到预定功能要求和技术指标的过程。整机检验主要包括直观检验、功能检验和主要性能指标测试等内容。

（1）直观检查。直观检查的项目包括产品是否整洁；面板、机壳表面的涂覆层及装饰件、标志、铭牌等是否齐全，有无损伤；产品的各种连接装置是否完好；各金属件有无锈斑；结构件有无变形、断裂；表面丝印、字迹是否完整清晰；量程覆盖是否符合要求；转动机构是否灵活；控制开关是否到位等。

（2）功能检验。功能检验就是对产品设计所要求的各项功能进行检查。不同的产品有不同的检验内容和要求，例如对收音机，应检查收音、放音、电平指示等功能。收音机的功能检验一般通过功能操作及视听方式来进行。视听过程应注意声音是否失真、有无噪声等，还要注意各波段控制键的操作是否正常。

（3）主要性能指标的测试。此项是整机检验的主要内容之一。现行国家标准规定了各种电子产品的基本参数及测量方法，通过检验查看产品是否达到了国家和企业的技术标准，一些定制产品还需要按客户要求进行相关的测试。检验一般只对其主要性能指标进行测试，很少对全部性能指标都进行检验。

12.4.3　例行试验

例行试验包括环境试验和寿命试验两项内容。为了如实反映产品质量，达到例行实验的目的，例行试验的样品机应在检验合格的整机中随机抽取。

1. 环境试验

环境试验是评价分析环境因素对产品性能影响的试验，它通常是模拟产品在使用时可能遇到的各种自然环境条件下进行的。环境试验是一种检验产品适应环境能力的方法。

环境试验的项目是从实际环境中抽象、概括出来的，因此，环境试验可以是模拟一种环境因素的单一试验，也可以是同时模拟多种环境因素的综合试验，主要内容包括机械试验、气候试验、运输试验以及特殊试验等多项内容。

（1）机械试验

不同的电子产品，在运输和使用过程中都会不同程度地受到振动、冲击、离心加速度以及碰撞、摇摆、静力负荷、爆炸等机械力的作用，这些机械应力可能使电子产品内部元器件的电气参数发生变化甚至损坏。

① 振动试验。振动试验用来检查产品经受振动的稳定性。方法是将样品固定在振动台上，经过模拟固定频率（50 kHz）、变频（5 ~ 2 000 kHz）等各种振动环境进行试验。以检查产品在规定的振动频率范围内有无共振点和在一定加速度下能否正常工作，有无机械损伤、元器件脱落、紧固件松动等现象。

② 冲击试验。冲击试验用来检查产品经受非重复性机械冲击的适应性。方法是将样品固定在试验台上，用一定的加速度和频率，分别在产品的不同方向冲击若干次。冲击试验后，检查产品的主要技术指标是否仍符合要求，有无机械损伤等。

③ 离心加速度试验。离心加速度试验主要用来检查产品结构的完整性和可靠性。离心加速度是运载工具加速或变更方向时产生的。离心力的方向与有触点的元器件（如继电器、开关）的触点脱开方向一致。当离心力大于触点的接触压力时，会造成元器件断路，导致产品失效。

（2）气候试验

气候试验是用来检查产品在设计、工艺、结构上所采取的防止或减弱恶劣气候环境条件对原材料、元器件和整机参数影响的措施。气候试验可以找出产品存在的问题及原因，以便采用措施，达到提高电子产品可靠性和恶劣环境适应性的目的。

① 高温试验。用以检查高温环境对产品的影响，确定产品在高温条件下工作和储存的适应性。高温试验有两种：一种是高温性能试验，即整机在某一固定温度下，通电工作一定时间后是否能正常工作；另一种高温试验是产品在高温储存情况下进行的试验，即整机在某一高温中放置若干小时，并在室温下恢复一定时间后，检查产品主要指标是否仍符合要求，有无机械损伤、塑料变形等现象。

② 低温试验。用以检查低温环境对产品的影响，确定产品在低温条件下工作和储存的适应性。低温试验一般在低温箱中进行。低温试验分为两种：一种是低温性能试验，即将产品置入低温箱中通电，并在一定温度下工作若干小时，然后测量产品的工作特性，检查产品能否正常工作；另一种低温试验是产品在储存情况下进行的试验，即将产品在不通电的情况下，置入某一固定温度的低温箱中，若干小时后取出，并在室温下恢复一段时间后通电，检查其主要测试指标是否仍符合要求，有无机械损伤、金属锈蚀和漆层剥落等现象。

③ 温度循环试验。用以检查产品在短时间内，抵御温度急剧变化的承受能力及是否因热胀冷缩引起材料开裂、接插件接触不良、产品参数恶化等失效现象。温度循环试验通常在高低温箱中进行。高、低温交替存放时间及转换时间的长短和循环次数，应按产品《试验大纲》要求确定。

④ 潮湿试验。用以检查潮湿环境对电子产品的影响，确定产品在潮湿条件下工作和储存的适应性。

⑤ 低气压试验。用于检查低气压对产品性能的影响。低气压实验是将产品放入具有密封容器的低温、低压箱中，用机械泵将容器内气压降低到规定值，以模拟高空气压环境，然后测量产品参数是否符合技术要求。

（3）运输试验

运输试验是检查产品对包装、储存、运输环境条件的适应能力。本试验可以在运输试验台上进行，也可以直接以行车试验作为运输试验。目前工厂做运输试验一般是将已包好的产品按要求放置到卡车后部，卡车以一定的速度在三级公路（相当于城乡间的土路）上行若干公里。运输试验后，打开包装箱，先检查产品有无机械损伤和紧固件有无松脱现象，然后测试产品的主要技术指标是否符合整机技术条件。

（4）特殊试验

特殊试验是检查产品适应特殊工作环境的能力。特殊试验包括盐雾试验、防尘试验、抗雾试验、抗霉试验和抗辐射试验等。该试验不是所有产品都要做的试验，而只对一些在特殊环境条件下使用的产品或按用户的特定要求而进行的试验。

2. 寿命试验

寿命试验是用来考察产品寿命规律的试验，它是产品最后阶段的试验。寿命试验是在试验条件下，投入一定样品模拟产品实际工作状态和储存状态的试验。试验中要记录样品失效的时间，并对这些失效时间进行统计分析，以评估产品的可靠性、失效率、平均寿命等可靠性数据特征。

寿命试验分为工作寿命试验和储存寿命试验两种。因储存寿命试验的时间太长，通常采用工作寿命试验（又称功率老化试验）。它是在给产品加上规定的工作电压条件下进行的试验。试验过程中应按技术条件规定，间隔一定时间进行参数测试。

12.5　故障检修

在电子产品调试过程中，经常会调试失败，甚至可能出现一些致命性的故障，如调整元器件电路不能达到设计指标，或通电后，出现保险丝烧坏、电路板冒烟、打火、漏电、元器件烧坏等情况，造成电路无法正常工作。故而对故障的检修就显得尤为重要了。可以这样说，只要装配后的产品不能工作或达不到设计要求，就必须进行检修。检修后仍不合格的产品要集中处理，不能随意丢弃。

12.5.1　故障检修一般步骤

故障检修分为故障查找和故障排除。通常是先查找、分析出故障的原因，判断故障发生的部位，然后排除故障，最后对已修复的整机各项性能进行全面检验。

故障检修的流程为：观察故障现象→确定故障位置→故障排除→检验。

1. 观察故障现象

首先对被检查电路表面状况进行直接观察，从而发现问题找到故障点。直接观察按照不通电检查，通电检查的顺序进行。

对于新安装的电路，首先要在不通电情况下，检查电路是否有元器件用错、元器件引脚接错、元器件损坏、掉线、断线，有无接触不良等现象。对于不能正常工作的电路，应在不通电情况下观察被检修电路的表面，可能会发现变压器烧坏、电阻烧焦、晶体管断极、电容器漏油、元器件脱焊、接插件接触不良或断线等现象。通常，可借助万用表来进行检查。

2. 测试结果分析与故障判断

通过观察可能直接找出故障点，有些故障可直接排除，如焊接、装配故障。但需要指出的是，许多故障仅为表面现象，表面现象下面可能隐藏着更深层的原因，必须根据故障现象，结合电路原理对测试结果（现象）进行分析，才能找出故障的根本原因和真正的故障点。

3. 排除故障

在故障原因和故障部位找到之后，排除故障就很简单了。排除故障不能只求将功能恢复，必须要求全部的性能都达到技术要求；更不能不加分析，不把故障的根源找出来，而盲目更换元器件，只排除表面的故障，没有彻底地排除故障，使产品带着隐患流入市场。

故障的根源和真正的故障点找到后，应根据故障原因，采取适当的方法，或补焊不良焊点，或是更换已损坏的元器件，或调整电路参数等，就可真正排除故障。

4. 功能和性能检验

故障排除后，一定要对其功能和性能进行全部的检验。通常的做法是，故障排除后应进行重新调试和检验。调试和检验的项目和要求与新装配出的产品相同，不能认为有些项目检修前已经调试和检验过了，就不再重调再检。

5. 总　　结

故障检修结束后应及时进行总结，对检修资料进行整理归挡，贵重仪器设备要填写挡案。这样做可以积累经验，提高业务水平，推荐优质、适用的产品，提供给用户作为参考，还可将检修信息反馈回来，完善产品的设计与装配工艺，提高产品质量。

12.5.2　故障检修方法

采用适当的方法来查找、分析、判断和确定故障原因及具体部位，是故障查找的关键。故障查找的方法多种多样，具体应用时要针对具体检测对象，交叉、灵活地运用其中的一种或几种方法以达到快速、准确、有效查找故障的目的。这里，仅对几种常用的故障查找方法进行介绍。

1. 观察法

观察法是通过人体感觉发现线路故障的方法。这是一种最简单最安全的方法，也是各种电子设备检测过程中通用的第一步。观察法可分为静态观察法和动态观察法两种。

（1）静态观察法

静态观察法又称不通电观察法。虽然是不通电检测，但也要根据故障现象进行分析，初步确定故障的范围，有次序、有重点地仔细观察。特别像大型系统设备，毫无目标、无重点地观察，往往造成马马虎虎、走马观花，很难发现故障点。

静态观察要先外后内，循序渐进。对于试验电路或样机要对照电路原理图检查接线有无错误，元器件是否符合设计要求，集成块的管脚有无插错方向或折弯，有无漏焊、桥接等故障。

打开机壳前先检查产品外表有无碰伤，按键、插口电线电缆有无损坏，保险是否烧断等。打开机壳后先看机内各种装置和元器件，有无相碰、断线、烧坏等现象，然后用手或工具拨动一些元器件、导线等进行进一步检查。当静态观察未发现异常时，可进一步用动态观察法。

（2）动态观察法

动态观察法又称通电观察法，是指线路通电后，运用人体视、嗅、听、触觉检查线路故障。对于较大设备通电观察时，要采用隔离变压器和高压器件逐渐加电，防止故障扩大。一般情况下还应使用仪表，如电流表、电压表等监视电路状态。

通电后，眼要看机内或电路内有无打火、冒烟等现象；鼻要闻：机内有无烧焦、烧糊的异味；耳要听有无异常声音；手要触摸一些管子、集成电路等是否发烫（注意：高电压、大电流电路须防触电、防烫伤）；有时还要摇振电路板、接插件或元器件等观测其有无接触不良等现象；发现异常立即断电，这就是所谓的"望""闻""听""摸""振"诊断法。

2. 测量法

测量法是使用测量设备测试电路的相关电参数，并与产品技术文件提供的参数作比较来判断故障的一种方法。测量法是故障查找中使用最广泛、最有效的方法。根据测量的电参数特性又可分为电阻法、电压法、电流法和波形法等。

（1）电阻测量法

电阻特性是各种电子元器件和电路的基本特征，利用万用表测量电子元器件或电路各点之间的电阻值来判断故障的方法称为电阻法。由于电阻法不用给电路通电，可将检测风险降到最小，故检测时通常首选电阻法。

测量电阻值，需要考虑被测元器件受其他并联支路的影响，测量结果应对照原理图分析判断。"在线"测量方便快捷，不需拆焊电路板，对电路的操作小。"离线"测量需要将被测元器件或电路从整个电路或印制板上断开甚至脱焊下来，操作较麻烦但结果准确可靠。

（2）电压测量法

电子线路正常工作时，线路各点都有一个确定的工作电压，通过测量电压来判断故障的方法称为电压法。电压法是通电检测手段中最基本、最常用、也是最方便的方法。根据被测电压的性质又可分为直流和交流两种电压测量。

① 直流电压测量。测量直流电压一般分为三步：一是测量供电电源输出端电压是否正常；二是测量各单元电路及电路的关键"点"；三是测量电路主要元器件。

在比较完善的产品说明书中一般会给出电路各关键"点"正常工作时的电压，有些维修资料中还提供集成电路各引脚的工作电压。另外，也可以和能正常工作的同种电路测得各点电压相比较。偏离正常电压较多的部位或元器件，可能就是故障所在部位。

② 交流电压测量。一般电子线路中交流回路较为简单，对于由 50 Hz 市电升压或降压后的电压，只需采用普通万用表选择合适的交流量程即可，测高压时要注意安全并养成单手操作的习惯。对于非 50 Hz 的电源，例如变频器输出电压的测量，就要考虑所用电压表的频率特性，超过频率范围的测量结果误差较大，甚至是错误的。万用表和一般交流电压表都是按正弦波信号设计的，示值即为有效值。故被测信号为非正弦波时，测量结果可能不正确。对频率较高的信号或非正弦波交流信号，可使用示波器检测电压。

采用电压测量法检测故障，要求测试人员具有电路分析能力并尽可能收集相关电路的资料、数据，才能达到事半功倍的效果。

（3）电流测量法

电子线路正常工作时，各部分的工作电流是稳定的，偏离正常值较大的部位往往就是故障所在，这就是用电流法检测线路故障的原理。电流法有直接测量间接测量两种方法。

① 直接测量法。就是将电流表串联在欲检测的回路中直接获得电流值的方法。这种方法直观、准确，但往往需要将原线路断开，或脱焊元器件引脚后才能进行测量，因而不大方便。

对于整机总电流的测量，一般可通过将电流表两个表笔接到开关上的方式测得。当然，测量时开关应该处于断开状态，否则就测不到电流（即电流为零）。

② 间接测量法。实际上就是先测电压，再利用公式 $I = \dfrac{U}{R}$ 换算成电流值。这种方法快捷方便，但如果所选择的测量点元器件有故障则不容易准确判断。

采用电流法检测故障，应对被测电路正常工作时的电流值事先心中有数。一方面大部分线路说明书或元器件样本中都会给出正常工作时的电流值或功耗值，另一方面通过实践积累可大致判断各种电路和常用元器件工作电流的范围。

（4）波形法

对交变信号的产生和处理电路来说，采用示波器观察信号通路各点的波形是最直观、最有效的故障检测方法。在电子线路中，一般会画出电路中各关键点波形的形状和主要参数。用示波器观察信号通路各点波形的各种参数，如幅值、周期、前后沿、相位等，与给出的正常工作时的波形参数对照，找出故障原因。

3. 替换法

替代法是利用性能良好的备份器件、部件（或利用同类型正常机器的相同器件、部件）来替换产品可能产生故障的部分，以确定产生故障的部位的一种方法。如果替换后，工作正常了，说明故障就出在这部分。替换的直接目的在于缩小故障范围，不一定一下子就能确定故障的具体部位，但为进一步确定故障源创造了条件。这种方法检查方便，不需要什么特殊的测量仪器。特别是生产厂家给用户上门服务维修时，十分简便可行。

实际应用中，按替换的对象不同，可有三种方式，即元器件替换、单元电路替换和部件替换。

（1）元器件替换

元器件替换法用在带插接件的集成电路、开关、继电器等的电路元器件中较为方便，但一般电路元器件都需拆焊，操作比较麻烦且容易损坏周边电路或印制板，因此元器件替换一般只作为其他检测方法均难判别，且较有把握认为是该元器件损坏时才采用的方法。多用于替换被怀疑的元器件，无法用其他方法准确判断其好坏的情况。

（2）单元电路替换

当怀疑某一单元电路有故障时，用另一台功能和型号完全相同的正常电路替换待查产品的相应单元电路，可判定该单元电路是否正常。有些整机中相同的电路有若干部分，例如立体声电路左右声道完全相同，可用于交叉替换试验。当电子设备采用单元电路多板结构时替换试验是比较方便的。因此对现场维修要求较高的设备，尽可能采用方便替换的单元电路结构，使设备维修性良好。

（3）部件替换

随着集成电路和组装技术的发展，电子产品向集成度更高、功能更多、体积更小的方向发展。不仅元器件替换困难，单元电路替换也越来越不方便，电路的检测、维修逐渐向板卡级甚至整体方向发展。特别是较为复杂的、由若干独立功能件组成的系统，检测时主要采用的是部件替换方法。如计算机的硬件检修，数字影音设备如 VCD、DVD 等的检修，基本上是采取板卡级替换法。

另外，对于采用微处理器的系统还应注意先排除软件故障，然后才进行硬件检测和替换。

4. 比较法

使用同型号的优质产品与被检修的产品作比较，找出故障的部位，这种方法叫比较法。检修时可将两者对应点进行比较，在比较中发现问题，找出故障所在。也可将有怀疑的器件、部件插到正常机器中去，如果工作依然正常，说明这部分没问题。若把正常机器的部件插到有故障的仪器中去，故障就排除了，说明故障就出在这一部件上。

比较法与替代法没有本质上的区别，只是比较的范围不同，二者可配合起来进行检查，这样可以对故障了解更加充分，并且可以发现一些其他方法难以发现的故障。常用的比较法有整机比较、调整比较、旁路比较和排除比较等四种方法。

5. 加热与冷却法

（1）加热法

加热法是用电烙铁对被怀疑的元器件进行加热，使故障提前出现来判断故障的原因与部位的方法。特别适合于刚开机工作正常，需工作一段时间后才出现故障的整机检修。

当加热某元器件时，原工作正常的整机或电路出现故障，则说明故障原因可能是因为该元器件工作一段时间后，温度升高使电路不能正常工作。当然不一定就是该元器件本身的故障，也可能是其他元器件性能不良，造成该元器件温度升高而引起的，所以应该进一步检查和分析，找出故障的根源。

（2）冷却法

冷却法与加热法相反，是用酒精等易挥发的液体对被怀疑的元器件进行冷却降温，使故障消失，来判断故障的原因与部位的方法。该法特别适合于刚开机工作还正常，只需工作较短一段时间（几十秒或几分钟）就出现故障的整机检修。

当发现某元器械件的温升异常时，可以用酒精对其进行冷却降温，原工作不正常的整机或电路出现工作正常或故障明显减轻的现象，则说明故障原因可能是因为该元器件工作一段时间后，温度升高使电路不能正常工作。当然也不一定就是该元器件本身的故障，也可能是其他元器件不良，造成该元器件温度升高而引起的，所以应认真检查和分析，找出故障的根源。

使用加热法与冷却法时应注意以下几点：

① 该方法主要用于检查"时间性"故障（"时间性"故障是指故障的出现与时间有一定的关系）和元器件温升异常的故障。应用时，要特别注意掌握好时间和温度，否则容易造成故障扩大。

② 该方法操作过程中，电路已通电工作，酒精又是易燃品，应特别注意安全。

③ 该方法只能初步判断出故障的大概部位和表面原因，故还应采用其他方法进一步检查和分析，找出故障的根源。

6. 信号寻迹法

通过注入某一频率的信号或利用电台节目、录音磁带以及人体感应信号做信号源，加在被测产品的输入端，用示波器或其他信号寻迹器，依次逐级观察各级电路的输入和输出端电压的波形或幅度，以判断故障的所在，这种方法叫信号寻迹法（也称跟踪法）。下面以收音机无声故障为例，说明信号寻迹法工作程序，如图 12-5 所示。

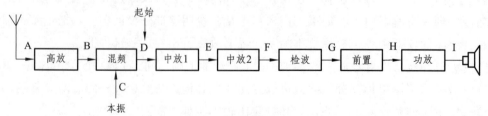

图 12-5　信号寻迹法

先将收音机调到某一电台位置或用高频信号发生器发送一个调幅波至天线输入端（A点），然后用示波器从混频级输出端（D点）开始进行信号寻迹。若示波器显示出已调中频信号，表明混频级及其以前各部分工作正常，故障应在后面各级，可按图中所示依次把示波器探针移至 E、F、G、H、I 各点，根据示波器有无信号显示，即可判断故障出在哪一级。若 D 点没有已调信号，表明故障出在高频部分（包括混频和本振）这时可将示波器探针向前移动，即依次移到 C、B、A 点，判断故障所在。

12.5.3　故障检修注意事项

1. 不能盲目拆卸

① 不能盲目拆机，应弄清楚是外部原因还是内部原因后再决定是否拆机，以免浪费时间和扩大故障。

② 不能盲目拆卸元器件，用力应适当，切忌用力拉、扯和撬，以免损坏元件和造成新的故障。

③ 不能盲目调整，调整时应做好相应的记录，用力适当，对故障无作用时应调回至原位。

④ 拆卸时应做好相应的记录。不能丢失和混淆各种部件，弄错元器件和导线的安装位置与方向。

2. 切忌短路

严禁触碰底板造成短路，避免碰到元件造成短路，避免焊锡或残渣造成短路，带电操作时应确保安全和绝缘，避免造成短路。

3. 注意环境的安全

检修场所除注意整洁外，室内要保持适当的温湿度，场地内外不应有激烈的振动和很强的电磁干扰，检修台必须铺设绝缘胶垫。工作场地必须备有消防设备，灭火器应适用于灭电气起火，且不会腐蚀仪器设备（如四氯化碳灭火器）。

在检修 MOS 器件时，由于 MOS 器件输入阻抗很高，容易因静电感应高电势而被击穿，因此，必须采用防静电措施。操作台面可用金属接地台面，最好使用防静电垫板，操作人员需手带静电接地环。使用或存放 MOS 器件，不能使用尼龙及化纤等材料的容器，周围空气不能太干燥，否则各种材料的绝缘电阻会很大，有利静电的产生和积累。

4. 注意操作安全

在接通电源前，应检查电路及连线有无短路等情况。接通后，若发现冒烟、打火、异常发热等现象，应立即关掉电源，由维修人员来检查并排除故障。

检修人员不允许带电操作，若必须和带电部分接触时，应使用带有绝缘保护的工具操作。检试时，应尽量学会单手操作，避免双手同时触及裸露导体，以防触电。在更换元器件或改变连接线之前，应关掉电源，滤波电容应放电完毕后再进行相应的作。

12.6　调试的安全

安全用电知识是关于如何预防和处理用电事故及保障人身、设备安全的知识。在电子产品装配调试中，要使用各种工具、电子仪器等设备，同时还要接触危险的高压电，若没有掌握必要的安全知识，在操作中缺乏安全意识，就可能发生人身、设备安全事故。为此，必须在熟悉触电原因和触电对人体危害的基础上，了解安全用电知识，做到防患于未然。同时掌握一些基本的急救技能，在事故发生后能够对触电人员进行及时的救助，并对事故现场进行正确的处理，将事故造成的危害降到最小。

12.6.1　触电现象

1. 电流对人体的危害

触电事故是最常见的电气事故之一，电流流过人体后，会对人体造成多方面的伤害，伤害程度与流过人体的电流大小、频率、持续时间以及流过身体的路径均有很大关系。

电流对于不同的性别、年龄、体型和体质的人造成的危害程度是不同的。一般说来，当流过人体的电流在 0.7～1.1 mA 时，人体会有感觉，这种大小的电流称为感觉电流。感觉电流一般不会对人体造成直接的伤害，但有可能造成摔倒、坠落等间接事故。当人体接触到的电流在 10～16 mA 时，一般可以自主摆脱，这种电流称为摆脱电流。当电流达到 30～50 mA 时，人的中枢神经就会受到伤害，会感觉麻痹、呼吸困难。当电流超过 50 mA 时称为致命电流，当致命电流流过人体时，人会在极短时间内心脏停止跳动，失去知觉进而导致死亡。

电流的频率在 40～60 Hz 时对人体最危险，随着频率的上升，危险性将下降，但是高频高压电流对人体仍然十分危险。电流通过的路径在两手之间或手脚之间时是十分危险的，不经过心脏、头部和脊髓等重要器官的通电路径对人造成的伤害会相对小一些。而触电时人体的受伤害程度与通电时间的长短是成正比的，通电时间越长，危害越大。

电力系统中影响电流的因素很多，而电压是相对恒定的，同时人体电阻大约在 1～2 kΩ 之间，基本上也是固定的。所以从安全的角度出发，人体安全条件一般不采用安全电流而是采用安全电压表示。根据国标 GB3805-83 的规定，对于频率为 50～500 Hz 的交流电，安全电压的额定值分为 42 V、36 V、24 V、12 V 和 6 V 五个等级。

对于高压电，当人体接近时会产生感应电流，即使没有直接接触也是十分危险的，所以在没有采取相应的防护措施时，人应该尽量远离高压传输线与高压电器。

2. 触电的类型

人体接触带电体，使一定量的电流流过人体，进而导致人身伤亡的现象称为触电。触电事故的类型按发生触电事故时人体是否接触带电体，可以分为直接触电和间接触电。根据触电对人身造成的伤害，可以分为电击与电伤。

电击是指电流流过人体内部，严重影响人体神经系统和呼吸系统等。人一旦遭电击，一定强度的电流通过人体后，就会严重干扰人体正常的生物电流，造成肌肉痉挛（俗称抽筋）、神经紊乱进而导致心脏室性纤颤，呼吸停止而死亡，电击严重危害人的生命。

电伤则是指电流流过人体表面，造成表面灼伤、烙伤或皮肤金属化。

（1）灼伤。由于电的热效应而灼伤人体皮肤、皮下组织、肌肉，甚至神经。灼伤通常会引起皮肤发红、起泡、烧焦甚至坏死。

（2）烙伤。是由电流的机械和化学效应造成人体触电部位的外部伤痕，通常使皮肤表面产生肿块。

（3）皮肤金属化。这种化学效应是由于带电金属通过触电点蒸发进入人体造成的，局部皮肤呈现相应金属的特殊颜色。

可见，电伤对人体造成的危害一般是非致命的，真正危害人体生命的是电击。

3. 影响触电危险程度的因素

(1) 触电电流的大小

根据医学测试，人体内部是存在生物电流的，一定限度的电流不会对人体造成危害。有些电疗仪器就是利用符合国家标准规定的小量脉冲电流来刺激某些穴位从而达到治疗的目的。电流对人体的作用见表 12-1 所示。

表 12-1　电流对人体的作用

电流（mA）	对人体的作用
<0.7	无感觉
1	有轻微感觉
1～3	有针刺感，一般电疗仪器选择此电流
3～10	感到痛苦，但是可以忍受且可以自己摆脱
10～30	引起肌肉痉挛，短时间无危险，长时间有危险
30～50	引起强烈痉挛，时间超过 60 秒就有生命危险
50～250	产生心脏室性纤颤，丧失知觉，严重危害生命
>250	短时间内（1 秒以上）造成心脏骤停，体内造成电灼伤

（2）触电电流的类型

触电电流的类型不同，对人体的危害也不同。直流电一般引起电伤，而交流电则电伤和电击同时发生，特别是 40～100 Hz 频率范围内的交流电对人体最危险，遗憾的是我们日常使用的市电频率是 50 Hz 的交流电，正好落在这个危险频段范围内，因此，我们更要掌握安全用电尤其在调试过程中一定要遵守安全操作规程。当交流电的频率达到 20 000 Hz

以上时，对人体的危害已经很小了，应用于医学理疗的一些仪器就使用了这个频段。

（3）电流的作用时间

电流对人体的危害与作用时间也有关系。可以用电流和时间的乘积（也称为电击强度）来表示电流对人体损害。我们常用的触电保护器的一个重要指标就是额定断开时间与电流的乘积要小于 30 mA·s，实际上好的触电保护器可以达到 3 mA·s，所以能有效防止触电事故的发生。

（4）人体电阻

人体电阻是随着条件变化而变化的。皮肤干燥时人体电阻可以达到 100 kΩ 以上，而在皮肤出汗或比较潮湿的情况下，人体电阻可以降到 1 kΩ 以下，另外，人体电阻还是一个非线性电阻，随着电压升高而阻值下降，见表 12-2 所示。

表 12-2　人体电阻与电压和电流的关系

电压（V）	1.5	12	31	62	125	220	380	1 000
电阻（kΩ）	>100	16.5	11	6.24	3.5	2.2	1.47	0.64
电流（mA）	忽略	0.8	2.8	10	35	100	268	1 560

4. 触电的形式

发生触电的几种常见形式如下：

（1）单相触电

当人体和大地之间处于非绝缘状态时，如果身体的某个部分和单相带电体接触，电流将通过人体流入大地，造成触电事故，这种形式的触电称为单相触电。单相触电又分为中性点直接接地和中性点不直接接地两种情况，如图 12-6 所示。

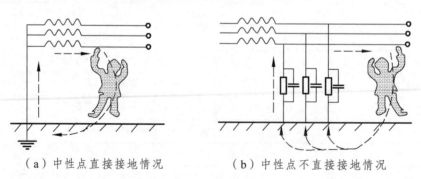

（a）中性点直接接地情况　　　　（b）中性点不直接接地情况

图 12-6　单相触电

在中性点直接接地的情况下，人体接触到 220 V 的相电压，电流由相线经人体、大地和中性点形成回路，由于人体电阻远大于中性点接地电阻，电压几乎全部加在人体上，造成的后果往往很严重。而在中性点不直接接地的情况下，电子产品对地的绝缘电阻远大于人体电阻，加在人体上的电压远低于相电压，形成的电流较小。所以中性点不直接接地时的单相触电造成的危害一般比中性点直接接地的单相触电造成的危害轻。

（2）两相触电

两相触电也称为相间触电，是指人体同时接触到两条不同的相线，电流由一根相线经过人体流向另一根相线的触电形式，如图12-7所示。两相触电加在人体上的电压是线电压，比单相触电时的相电压高，因此危险性也高于单相触电，在装配和调试过程中要特别注意。

（3）跨步电压触电与接触电压触电

当供电线路的某一相线断线落地时，电流从落地点流入地中，以落地点为圆心向周围流散。落地点电位 U_d 是相线电位，随着半径的扩大，电位逐渐降低，一般在半径为 20 m 处，电位将降为 0。当人站在接地点周围时，两脚之间（约 0.8 m）的电位差称为跨步电压 U_k，由此引起的触电称为跨步电压触电，如图12-8所示。从图中可以看出，接地电流的电位分布是非线性的，离断线接地点越近，跨步电压越大，意味着触电的危险性越高；离断线接地点较远时，跨步电压较小。20 m 以外的跨步电压基本为 0，可以视为安全区域，该区域不会发生触电危险。

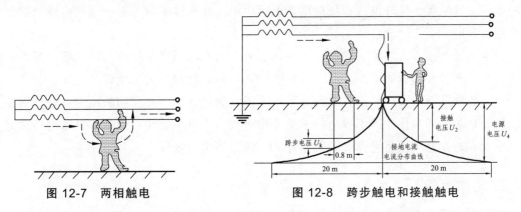

图 12-7　两相触电　　　　　图 12-8　跨步触电和接触触电

从图12-8还可以看出，相线接地的时候，不仅会发生跨步电压触电，还有可能发生另一种形式的触电——接触电压触电。在以接地点为中心，半径为 20 m 的电位分布区域内，电子设备的外壳如果发生漏电或接地故障时，人只要接触到电器设备的外壳，在人体接触设备外壳的部位与人体接触地面的部位之间就会产生接触电压 U_j，即使双脚并没有跨步，同样会发生触电事故。从图中可以看出，离接地点越远，人站立处的电位越低，接触电压越高，触电后果越严重。

另外，在电网中的一些线路与设备处于停电或绝缘状态时，本不应该发生触电事故的，但由于剩余电荷与感应电荷的存在，人接触到这些设备与线路时仍然可能发生触电事故。

12.6.2　触电事故处理

从事与电相关工作的人员一定要掌握基本的触电急救知识与技能，一旦发生触电事故，头脑一定要冷静，千万不能惊慌失措，应该马上采取及时有效的现场救护才能挽救受伤者的生命，而错误的救护方法不但不能救助伤者，甚至可能会让施救者本身受到伤害，使事故造成的损失扩大，产生不可弥补的后果。触电救护一般方法为，先切断电源，阻止事态进一步扩大，然后才可进行现场急救处理。

1. 切断电源

切断电源的方法有很多，可以根据现场的情况当机立断，在保证施救人员安全的前提下，尽快地切断电源。

（1）如果电源开关、插头、保险盒等就在附近，应马上断开开关、拔掉插头或保险盒，切断电源。

（2）如果上述装置均不在附近或找不到，不能及时切断电源时，应使用带绝缘手柄的工具，如电工夹钳等夹断电源线，也可用带绝缘柄的斧头、铁锹等利器砍断电源线。

（3）如果不能切断电源，而电线仍然与触电者接触时，可以使用绝缘的杆状物（如干燥的木棒、竹竿等）挑开电线，使触电者脱离电源。此时应妥善处理挑开的电线，以免又使其他人触电。

（4）如果上述方法均无法实施，在确认触电者的衣物干燥不导电的情况下，可以隔着衣物将触电者拉开，脱离电源。此时施救者的脚下最好保持与大地绝缘。

（5）如果发现电子产品或者电缆等带电设备冒烟起火，要立即切断电源并且使用沙土或者二氧化碳、四氯化碳等不导电的灭火介质灭火，千万不要使用泡沫或者水进行灭火，而且在灭火时注意不能将身体碰到漏电导线、机壳等带电物体。

2. 急救处理

将触电者脱离电源后，应立即将其搬移到干燥通风的场地，使其仰卧并松开衣裤。然后马上拨打急救电话，通知医院派救护车，最后再进行力所能及的现场抢救。

（1）如果触电者伤势不太严重，并未失去知觉，只是表现出心悸、四肢发麻、全身无力或暂时昏迷但并未停止呼吸，此时不需要什么特别的现场救护措施，只需使触电者平卧休息，注意观察其后续反应，等待救援医生到来即可。

（2）如果触电者的呼吸或心跳不正常，应马上进行人工呼吸和人工胸外挤压，如果现场只有一个人，可以将人工呼吸和胸外挤压交替进行，每个动作进行 2~3 次后轮换。即使现场救护不能马上见效也不要中断，应该一直持续到医生到达现场。

12.6.3　调试安全措施

在调试过程中，需要接触到各种电路和仪器设备，其中一些还带有高电压、大电流，为了保护调试人员的人身安全，防止设备和被调试产品损坏，在调试中要严格遵守安全规程，提高安全意识，做好安全防范。调试中的安全措施主要有调试环境安全、供电安全、仪器设备安全和操作安全等。

1. 调试环境的安全

调试环境的安全包括用电场地、安全意识、安全制度等三个方面。

（1）用电场地

测试场地除注意整洁外，室内要保持适当的温度和湿度，场地内外，不应有激烈的振动和很强的电磁干扰，测试台及部分工作场地必须铺设绝缘胶垫，并将场地用拉网围好，对于高压部分，要贴上"高压危险"警告牌。工作场地必须配备消防设备，灭火器应适用于灭电气起火，且不会腐蚀仪器设备。

（2）安全意识

加强安全教育，普及安全用电知识。对从事电气方面工作的人员加强教育，使所有上岗人员充分了解国家在安全用电方面的相关标准与法规，掌握安全用电知识与防护技能，牢固树立"安全第一"的观念，杜绝违章操作。

（3）安全制度

建立健全各种安全规章制度。如安全用电规程，电器设备的安装、调试、运行与维护的各种规章制度，以及相关规章制度的监督执行办法，违章处理办法等，并在工作中严格执行。

2. 供电安全

在电子产品调试过程中，大部分都需要加电，而调试设备也都要通电，故供电安全就显得尤为重要。常规的供电安全措施有：

（1）供电保护装置

在调试检测场所，应安装总电源开关、漏电保护开关、过载保护开关装置。总电源开关应安装在明显、易于操作的位置，最好设有相应的指示灯。电源开关、电源线、电源插头必须符合安全用电的要求，任何带电导体不得裸露在外，在通电前认真做好检查。

（2）采用隔离变压器供电

调试场所最好先安装隔离变压器后，再接入调压器进行供电。这样，既可以保证调试人员的人身安全，还可以防止调试设备与被调产品或电路之间相互影响。

（3）采用自耦调压器供电

在没有安装隔离变压器而直接使用普通交流自耦调压器供电时，要特别注意安全。在这种情况下，调压器的输入与输出端有电气连接，容易将输入的高电压引到输出端，造成变压器及其后面的电路烧坏，严重时还会造成重大事故。

采用自耦变压器供电时，要严格区分火线 L 与零线 N 的接法。连接时最好采用三线插头，使用二线插头容易接错线。特别需要指出的是，正确的接线方法是将输出端的固定端作为零线，可调端作为火线，这种接法较为安全，但这种接法由于没有与电网隔离，仍不够安全，如图 12-9 所示。

当然，最好的接线方法是先接隔离变压器，再接自耦变压器，如图 12-10 所示。

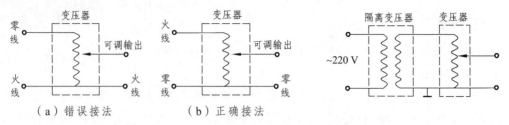

（a）错误接法　　　　（b）正确接法

图 12-9　变压器的连接方法　　　　**图 12-10　使用隔离变压器的接法**

3. 仪器设备的安全

（1）所用的测试仪器设备要定期检查，仪器外壳及可触及的部分不应带电。

（2）各种仪器设备尽量使用三线插头座，电源线采用双重绝缘的三芯专用线，长度一般不超过 1 m。若是金属外壳，必须保证外壳良好接地（保护地）。

（3）电源及信号发生器在工作时其输出端不能短路，输出端所接负载不能长时间过载，发生输出电压明显下降时，应立即断开负载。对于指示类仪器，如示波器、电压表、频率计等输入信号的仪器，其输入端输入信号的幅度不能越过其量程范围，否则容易损坏仪器。

（4）功耗较大（≥500 W）的仪器设备在断电后，不得立即再通电，应冷却一段时间（一般 3～10 min）后再开机，否则容易烧断保险丝或损坏仪器。这是因为仪器的启动电流较大且容产生较高的反峰电压，且许多元器件在高温时的绝缘和耐压性能均有所下降，如电解电容的漏电流增大等。故功耗较大的仪器设备快速断、通电，会引起整机总电流增大、机内元器件出现击穿现象。

（5）更换仪器设备的保险丝时，必须完全断开电源线（将电源线取下）。更换的保险丝必须与原保险丝规格相同，不得更换超过规定容量的保险丝，更不能直接用导线代替。

（6）带有风扇的仪器设备，如通电后风扇不转或有故障，应及时更换风扇或排除故障后再使用，确保仪器设备的散热。

4. 操作安全

操作时应注意以下事项：

（1）断开电源开关不等于断开了电源。如图 12-11 所示的电路中，虽然电源开关处于断开位置，但有部分电路仍然带电。

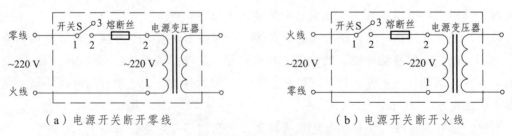

（a）电源开关断开零线　　　　（b）电源开关断开火线

图 12-11　电源开关断开电路部分带电示意图

在如图 12-11（a）所示的电路中，开关 S 断开时，电源变压器的初级 1，2 脚，熔断丝和开关 S 的 2 脚仍然带电；如图 12-11（b）所示的电路，开关 S 断开时，开关 S 的 1，3 脚仍然带电。

因此，只断开电源开关是不能保证完全断电的，只有拔下电源插头（火线、零线同是断开）才是真正断开了电源。

（2）不通电不等于不带电。对大容量的高压电容或超高压电容只有在进行放电操作后，才可以认为不带电。例如，CRT 显像管的高压嘴，由于管锥体内外壁构成的高压电容的存在，即使断电数十天，其高压嘴上仍然会带有很高的电压。

（3）电气设备和材料的安全工作寿命是有限的。也就是说，工作寿命终结的产品，其安全性无法保证。原来应绝缘的部位，也可能因材料老化变质而带（漏）电。所以，应按规定的使用年限，及时停用、报废旧仪器设备。

学习资料三

中级操作技能模拟卷一

准考证号：＿＿＿＿＿＿＿＿　姓名：＿＿＿＿＿＿　单位：＿＿＿＿＿＿

产品名称：多用电源充电器

1. 装配零件、部件识别及质量检测　　　配分：10分　　　合计得分：＿＿＿＿＿

材料：附件（1）	质量检测内容（由应考人员填写）						配分	评分标准	得分
电阻器3支	标称值（含误差）	1. ＿＿ 2. ＿＿ 3. ＿＿	测量值	1. ＿＿ 2. ＿＿ 3. ＿＿	测量挡位	1. ＿＿ 2. ＿＿ 3. ＿＿	0.5分/支3支共1.5分	每支电阻检测错一项扣该电阻全配分	
电容器3支	标称值	1. ＿＿uF 2. ＿＿uF 3. ＿＿uF	介质	1. ＿＿ 2. ＿＿ 3. ＿＿	质量判定	1. ＿＿ 2. ＿＿ 3. ＿＿	0.5分/支3支共1.5分	质量判定分为可用、断路、短路和漏电4种，按测量结果填写；每支电容检测错1项扣该电容全配分	
二极管2支	万用表晶体管测量挡位测量						0.5分/支2支共1分	质量判定分为可用、断路、击穿和漏电流大4种；每支二极管检测错1项扣其全配分	
	正向数值	1. ＿＿ 2. ＿＿	用途	1. ＿＿ 2. ＿＿	质量判定	1. ＿＿ 2. ＿＿			
	反向数值	1. ＿＿ 2. ＿＿							
三极管2支	1. 材料＿＿＿＿极性＿＿＿＿质量判定＿＿＿＿ 2. 材料＿＿＿＿极性＿＿＿＿质量判定＿＿＿＿						1.5分/支2支共3分	质量判定分为可用、漏电流大、击穿和断路四种，检测错1项扣0.5分，错2项以上扣全配分	
拨动开关2支	1. 型号＿＿＿质量判定＿＿＿测量挡位＿＿＿ 2. 型号＿＿＿质量判定＿＿＿测量挡位＿＿＿						1分/支2支共2分	质量判定分为可用、接触不良、损坏三种；检测错1项扣全配分	
电源变压器	线圈电阻：初级＿＿＿＿次级＿＿＿＿ 测量挡位＿＿＿＿质量＿＿＿＿						1分	质量为好或坏两种，错1项扣全配分	

2. 整机装接检测（附件2）　　　　　配分50分　　　　　合计得分

（本卷评分为不限额扣分，每项扣分值超配分，则该项得分为负分）

鉴定内容		材料	技术要求	配分	评分标准	得分
装配准备	元器件检验（15 min）	材料清单附件（1）设备：万用表	在规定时间内准确清点和检查全套装配材料数量和质量，并确认筛选元器件质量可靠，发现问题可予以补发和更换	0	超时限后材料短缺、损坏扣1分/件　误判元器件质量扣1分/件	
	元器件引脚加工成型 导线加工	全部元器件 全部导线	引脚加工尺寸及成型应符合装配工艺要求。导线长度、剥头长度符合工艺要求，芯线完好、捻头镀锡	8	总装焊接后，检验成品；加工尺寸不符、整形折弯不符合工艺要求扣0.5分/件	
印制板插件	位置和极性	全部元器件	插件位置正确，插装方式符合工艺要求，元器件极性正确	10	装错、漏装或操作损坏元器件扣0.5分/件	
	字标方向及高度	全部元器件	应符合工艺要求	2	不符合工艺要求扣0.5分/件	
印制板焊接	焊点		大小适中，无漏、假、连焊；焊点光滑、干净、无毛刺	10	不符合要求焊点扣0.5分/点	
总装	安装质量	全套装配材料	1. 拨动开关动作正常 2. 扁平电缆安装、焊接规范 3. 电源变压器安装牢固 4. 各支架及引线等应安装牢固可靠 5. 整机无烫伤和划伤处。整机清洁无污物	10	安装不合格处扣0.5分/处	
装配用时			自装配发料齐整后计时至总装完毕。限时180 min	10	超时1 min扣1分，超时限度为20 min，扣10分	

3. 整机装接质量检测（附件 3）　　　　　　配分 25 分　　　　　　合计得分

（1）关键点电位测量

关键点位置	实测值	配分	得分
$V7_b$		5	
$V7_c$		4	
$V5_c$		4	

（2）充电电流测量值

关键点位置	实测值	配分	得分
一挡电流值		4	
二挡电流值		4	
三挡电流值		4	

4. 工具设备的使用维护、安全及文明生产　　　　配分：15 分　　　　合计得分＿＿＿＿＿

	鉴定内容	技术要求	配分	评分标准	得分
工具设备使用和维护	常用工具的使用和维护	1. 电烙铁的正确使用；烙铁头镀锡状况 2. 钳口工具的使用和维护 3. 螺钉旋具的使用和维护	5	操作全过程中巡视记分 对电烙铁逐工位检查，各项操作方法不当及错误操作手法扣 1 分/项 使用保养不好扣 1 分/件	
	设备的使用和维护	1. 万用表的正确使用和维护 2. 仪器设备的正确使用	5	操作全过程中巡视记分 使用万用表、仪器设备方法不当或操作损坏扣 2 分/次	
安全及文明生产	安全用电	1. 工位用电条件的安全性 2. 用电器（电烙铁、设备、仪器等）的可靠安全用电	2	操作全过程中巡视记分。 不符合安全用电要求立即停用整改并扣全配分	
	文明生产	1. 着装整齐、清洁，操作工位卫生良好 2. 全部操作过程井然有序，无杂乱无章现象 3. 严格遵守工艺规程操作 4. 不出现工伤事故和损害工具、设备的现象 5. 不浪费原材物料	3	操作全过程中巡视记分。 不符合技术要求扣 1 分/项	

中级无线电装接工技能考试总成绩表

准考证号：_____ 姓名：_____ 单位：_____

考试项目	配分	扣分原因	扣分	实得分
1. 元器件识别与检测	10			
2. 整机装接	50			
3. 装接质量检测	25			
4. 工具设备的使用与维护安全及文明生产	15			
总　计	100			

年　　　月　　　日

无线电装接工（中级）技能操作文本附件（1）

充电电源材料清单

序号	代号	名称	规格及型号	数量	备注	检查
1	$V_1 \sim V_4$　$V_{11} \sim V_{13}$	二极管	1N4001（1 A/50 V）	7	A	
2	V_5	三极管	8050（NPN）	1	A	
3	V_6，V_7	三极管	9013（NPN）	2	A	
4	V_8，V_9，V_{10}	三极管	8550（PNP）	3	A	
5	$LED_{1、3、4、5}$	发光二极管	φ3 红色	4	B	
6	LED_2	发光二极管	φ3 绿色	1	B	
7	C_1	电解电容	470 μF/16 V	1	A	
8	C_2	电解电容	22 μF/10 V	1	A	
9	C_3	电解电容	100 μF/10 V	1	A	
10	R_1，R_3	电阻	1 kΩ（1/8 W）	2	A	
11	R_2	电阻	1 Ω（1/8 W）	1	A	
12	R_4	电阻	33 Ω（1/8 W）	1	A	
13	R_5	电阻	150 Ω（1/8 W）	1	A	
14	R_6	电阻	270 Ω（1/8 W）	1	A	
15	R_7	电阻	220 Ω（1/8 W）	1	A	
16	R_8，R_{10}，R_{12}	电阻	24 Ω（1/8 W）	3	A	
17	R_9，R_{11}，R_{13}	电阻	560 Ω（1/8 W）	3	A	
18	K_1	拨动开关	1D3 W	1	B	
19	K_2	拨动开关	2D2 W	1	B	
20	CT_2	十字插头线		1	B	

续表

序号	代 号	名 称	规格及型号	数量	备 注	检查
21	CT₁	电源插头线	2A　220 V	1	接变压器 AC-AC 端	
22	T	电源变压器	3 W　7.5 V	1	JK	
23	A	印制线路板 A	大 板	1	JK	
24	B	印制线路板 B	小 板	1	JK	
25	JK	机壳 后盖 上盖	套	1		
26	TH	弹簧（塔簧）		5	JK	
27	ZJ	正极片		5	JK	
28		自攻螺钉	M 2.5	2	固定印刷线路板小板 B	
29		自攻螺钉	M 3	3	固定机壳后盖	
30	PX	排线（15P）	75 mm	1	A 板与 B 板间的连接线	
31	JX 接线	J₁	160 mm	1	J₉（印制板 B 上面的开关 K₂ 旁边的短接线）可采用硬裸线或元器件腿	
		J₂	125 mm	1		
		J₃，J₄，J₅	80 mm	3		
		J₆	35 mm	1		
		J₇	55 mm	1		
		J₈	75 mm	1		
		J₉	15 mm	1		
32		热缩套管	30 mm	2	用于电源线与变压器引出导线间接点处的绝缘	

无线电装接工（中级）技能操作文本附件（2）

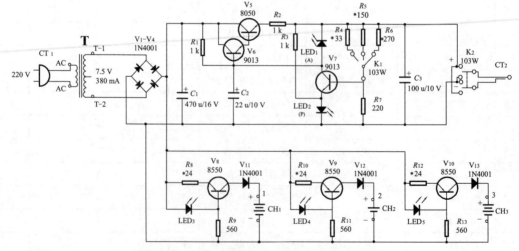

附图 1　充电电源电路原理图及安装工艺图

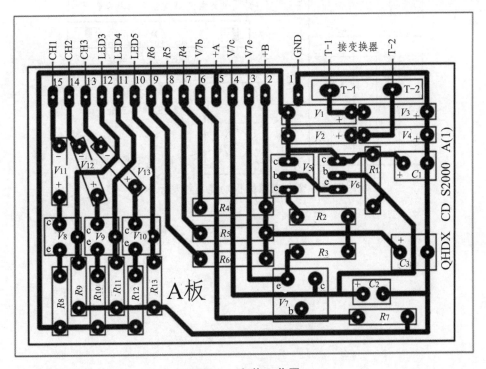

附图2 安装工艺图

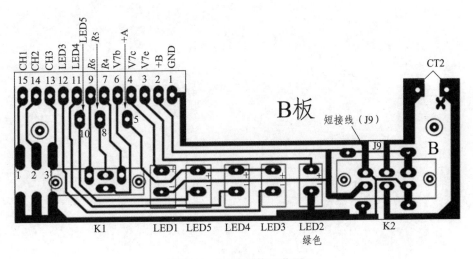

附图3 B板安装工艺图

无线电装接工（中级）技能操作文本附件（3）

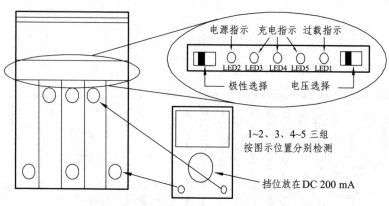

附图 4　充电电源面板功能及检测示意图

学习资料四

中级操作技能模拟卷二

姓名＿＿＿＿＿＿＿＿   准考证号 ＿＿＿＿＿＿＿＿＿＿   考场＿＿＿＿＿＿＿

安装 ZX2028FM 收音机/对讲机（1/2 套件）

注 意 事 项

1. 请按要求在试卷上填写您的姓名、准考证号、考试地点、考试时间。

2. 请仔细阅读实作题目的要求，并进行相应的操作和答题，由考评员现场评定成绩。

3. 考生在安装过程中应同步填写安装记录，方能获取该项考分。

4. 请用蓝、黑色的笔进行答题，字迹工整、清晰，不得潦草。

该卷满分：100 分，完成时间：180 分钟。

一、准备工作

1. 工具、检测仪表（名称、数量）：（万用表、信号源、示波器或高频毫伏表等）。

2. 制作并填写元器件明细表。

元器件名称	参数值	数量	元器件名称	参数值	数量	元器件名称	参数值	数量

3. 进行元器件引脚及导线加工方法：用橡皮擦或小刀刮除氧化层、镀锡，对引脚进行整形折弯处离元器件根部不少于 1.5 mm，折弯处的半径应大于引脚直径两倍。对于立式插装弯曲半径应大于元器件外形半径。

4. 安装、焊接元器件：（要求）

二、元器件检测记录

元件名称 项目	电阻（R）	电容（C）	三极管	发光二极管
检测要求	测参数	判断好坏	测三个极性和类型	粗判其好坏
实测结果				

三、收音机/对讲机安装记录要求

	产品代号		型号	整机名称	超外差收音机	
阶段	装接步骤		装接内容		说　明	备　注
准备工作	1. 元器件识别与检测		识别、检测、筛选		元器件应满足图纸要求	
	2. 元器件引脚加工		按工艺要求刮去引脚氧化层、浸锡、成型		折弯处离元器件根与基板不少于 1.5 mm，折弯处的半径应大于两倍引脚直径	
	3. 导线加工				一般情况下剥去 3 mm 绝缘层。浸锡时间一般是 2~5 s	
	4. 印制线路加工		在印刷线路板上，用细砂纸将铜箔打光后，涂上一层松香酒精溶液，焊盘上涂上助焊剂，用烙铁处理一遍		以免焊盘镀锡不良或被氧化，造成不好焊	
	5. 组合件加工					
装接与焊接	1. 元器件插装好		可将线路板分隔成了几块，然后再在每一块中插装		二极管、三极管、电解电容器极性不要装错	坚持"四先四后"的原则
	2. 剪去引脚		所有元器件都插上后，剪去多余的引脚，只留下离铜箔 2~3 mm 长开始焊接（也可先焊后剪）		焊接时电烙铁的温度略高于焊锡的温度，每焊一点应在 3 s 左右完成	焊点应圆滑光亮、无堆积、无毛刺、无虚焊
	3. 安装其他部件					
	4. 整机连接					

注：上表格中凡有数字编号的空格项，都应填写有关内容。

四、测试记录

1. 工作点测试记录表：

晶体管	e 极电流	e 极电压	b 极电压	c 极电压
VT1				
VT2				

2. 测量功率块 IC2 各脚的工作电压：

引脚号	1	2	3	5	6	7	8
电压值（V）							

3. 测量收到一个较强电台信号时的不失真音频输出功率（用示波器/毫伏表）。应列出计算式。

无线电装接（中级）操作题评分表

姓名：_____   准考证号：_____   考场：_____

项　目	工艺标准	扣分原则	配分	得分
准备工作	1. 必需的工具、材料、仪表	少 1 件扣 0.5 分，少 2 件以上，该项不得分	8 分	
	2. 制作并填写元器件明细表	关键元器件少 1 件扣 0.5 分，少 2 件以上，该项不得分（每项 2 分）		
	3. 元器件引脚及导线加工	元器件引脚未整形扣 2 分		
	4. 印制电路板处理	印制电路板未处理扣 2 分		
	5. 元器件检测	元件测错 1 只扣 2 分（每件 2 分，三极管 4 分），万用表挡位选择不当或未校对扣 0.5 分	12 分	
插　装	将元器件插装在印制电路板上	元器件未排列整齐、端正，标识不易见扣 5 分，高度基本不一致扣 3 分，插错、漏装元件扣 3 分，二极管、三极管、电解电容器的极性装错扣 4 分	15 分	
焊　接	焊点形状小、圆滑、光亮、美观、无虚焊、无毛刺、无短路、假焊、漏焊、错焊、无焊盘脱落	虚焊、毛刺、假焊、漏焊发现一处扣 1 分，短路发现一处扣 2 分，错焊一处扣 1 分，焊盘脱落一处扣 2 分	23 分	
印制板面状况	干净整洁，布局合理；无异物、无安全隐患	发现一处扣 0.5 分	4 分	

续表

项　目	工艺标准	扣分原则	配分	得分
总　装	安装其他部件，安装合理，导线连接齐全可靠	螺钉、导线少联一处扣 1 分	4 分	
调　试	1. 静态工作点测试、调整 2. 测频率特性	1. 静态工作点未测试扣 5 分,调整不正确扣 2 分 2. 未测试频率特性扣 4 分，未画图形扣 4 分，不标参数扣 1 分	16 分	
安全操作	1. 一般失误指万用表进行机械、电气调零、合理选择挡位和量程 2. 明显失误指造成元件损坏等	1. 一般失误每次扣 2 分 2. 明显失误每次扣 3 分	5 分	
仪器使用	1. 使用的仪器各开关、旋钮位置调节正确 2. 仪器探极、连线使用正确	1. 使用的仪器各开关、旋扭位置调节不正确，扣 3 分 2. 仪器探极、连线使用不正确扣 2 分	5 分	
填　表	填写安装、调试记录	无调试记录扣 4 分	8 分	
总成绩		考评员	复核	

参考文献

[1] 廖芳. 电子产品生产工艺与管理[M]. 北京：电子工业出版社，2003.

[2] 王卫平，陈粟宋. 电子产品制造工艺[M]. 北京：高等教育出版社，2005.

[3] 电子报编辑部. 电子报合订本[M]. 成都：电子报编辑部，1987~2003.

[4] 王港元. 电工电子实践指导[M]. 南昌：江西科技出版社，2005.

[5] 胡斌，杨海兴. 无线电元器件检测与修理技术入门[M]. 北京：人民邮电出版社，1998.

[6] 关健. 电子 CAD 技术[M]. 北京：电子工业出版社，2004.

[7] 电子制作杂志社. 电子制作合订本[M]. 北京：电子制作杂志社，2003、2006.

[8] 刘晓莉. 电子产品装接工艺[M]. 北京：电子工业出版社，2010.

[9] 范泽良，龙立钦. 电子产品装接工艺[M]. 北京：清华大学出版社，2009.

[10] 程美玲，艾春平. 无线电装接工实用技术手册[M]. 南京：江苏科学技术出版社，2007.

[11] 杨清学. 电子产品组装工艺与设备[M]. 北京：人民邮电出版社，2007.